职业技能培训教材

建筑工程系列

建筑机械操作工

◎ 李振风　黄玮玮　睢雪亮　编著

中国农业科学技术出版社

图书在版编目（CIP）数据

建筑机械操作工/李振风，黄玮玮，睢雪亮编著．—北京：中国农业科学技术出版社，2019.9

（职业技能培训教材・建筑工程系列）

ISBN 978-7-5116-4350-6

Ⅰ.①建…　Ⅱ.①李…　②黄…　③睢…　Ⅲ.①建筑机械-操作-技术培训-教材　Ⅳ.①TU607

中国版本图书馆 CIP 数据核字（2019）第 183269 号

责任编辑　闫庆健　陶　莲
责任校对　李向荣

出 版 者　中国农业科学技术出版社
　　　　　北京市中关村南大街 12 号　　邮编：100081
电　　话　（010）82106625（编辑室）　（010）82109704（发行部）
　　　　　（010）82109709（读者服务部）
传　　真　（010）82106625
网　　址　http://www.castp.cn
经 销 者　各地新华书店
印 刷 者　北京建宏印刷有限公司
开　　本　850mm×1 168mm　1/32
印　　张　6
字　　数　167 千字
版　　次　2019 年 9 月第 1 版　2019 年 9 月第 1 次印刷
定　　价　26.80 元

前　言

随着我国经济建设飞速发展，城乡建设规模日益扩大，建筑施工队伍不断增加，建筑工程基层施工人员肩负着重要的施工职责，是他们依据图纸上的建筑线条和数据，一砖一瓦地建成实实在在的建筑空间，他们技术水平的高低，直接关系到工程项目施工的质量和效率，关系到建筑物的经济和社会效益，关系到使用者的生命和财产安全，关系到企业的信誉、前途和发展。对此，我国在建筑行业实行关键岗位培训考核和持证上岗，对于提高从业人员的专业水平和职业素养、促进施工现场规范化管理、保证工程质量和安全以及推动行业发展和进步发挥了重要作用。

本丛书结合原建设部、劳动和社会保障部发布的《职业技能标准》和《职业技能岗位鉴定规范》，以实现全面提高建设领域职工队伍整体素质，加快培养具有熟练操作技能的技术工人，尤其是加快提高建筑业基层施工人员职业技能水平，保证建筑工程质量和安全，促进广大基层施工人员就业为目标，按照国家职业资格等级划分要求，结合农民工实际情况，具体以"职业资格五级（初级工）""职业资格四级（中级工）"和"职业资格三级（高级工）"为重点而编写，是专为建筑业基层施工人员"量身订制"的一套培训教材。

本丛书包括《建筑机械操作工》《测量放线工》《建筑电工》《砌筑工》《电焊工》《钢筋工》《水暖工》《防水工》《抹灰工》《油漆工》共10种。

丛书内容不仅涵盖了先进、成熟、实用的建筑工程施工技术，还包括了现代新材料、新技术、新工艺、环境与职业健康安全、节能环保等方面的知识，内容全面、先进、实用，文字通俗易懂、语言生动，并辅以大量直观的图表，能满足不同文化层次的技术工人

和读者的需要。

由于时间限制，以及作者水平有限，书中难免有疏漏和谬误之处，欢迎广大读者批评指正。

编著者

2019 年 8 月

目　录

第一章

建筑机械操作工
涉及法律法规及规范

第一节　建筑机械操作工涉及法律法规

一、《中华人民共和国建筑法》

1. 建筑法赋予建筑机械操作工的权利

（1）有权对影响人身健康的作业程序和作业条件提出改进意见，有权获得安全生产所需的防护用品，对危及生命安全和人身健康的行为有权提出批评、检举和控告。

（2）对建筑工程的质量事故、质量缺陷有权向建设行政主管部门或者其他有关部门进行检举、控告、投诉。

2. 保障他人合法权益

从事建筑机械操作工作业时应当遵守法律、法规，不得损害社会公共利益和他人的合法权益。

3. 不得违章作业

建筑机械操作工在作业过程中，应当遵守有关安全生产的法律、法规和建筑行业安全规章、规程，不得违章指挥或者违章作业。

4. 依法取得执业资格证书

从事建筑活动的建筑机械操作工技术人员，应当依法取得执业资格证书，并在执业资格证书许可的范围内从事建筑活动。

5. 安全生产教育培训制度

建筑机械操作工在施工单位应接受安全生产的教育培训，未经安全生产教育培训的建筑机械操作工不得上岗作业。

6. 施工中严禁违反的条例

必须严格按照工程设计图纸和施工技术标准施工，不得偷工减料或擅自修改工程设计。

7. 不得收受贿赂

在工程发包与承包中索贿、受贿、行贿，构成犯罪的，依法追究刑事责任；不构成犯罪的，分别处以罚款，没收贿赂的财物。

二、《中华人民共和国消防法》

1. 消防法赋予建筑机械操作工的义务

维护消防安全、保护消防设施、预防火灾、报告火警、参加有组织的灭火工作。

2. 造成消防隐患的处罚

建筑机械操作工在作业过程中，不得损坏、挪用或者擅自拆除、停用消防设施、器材，不得埋压、圈占、遮挡消火栓或者占用防火间距，不得占用、堵塞、封闭疏散通道、安全出口、消防车通道。人员密集场所的门窗不得设置影响逃生和灭火救援的障碍物。违者处 5 000 元以上 50 000 元以下罚款。

三、《中华人民共和国电力法》

建筑机械操作工在作业过程中，不得危害发电设施、变电设施和电力线路设施及其有关辅助设施；不得非法占用变电设施用地、输电线路走廊和电缆通道；不得在依法划定的电力设施保护区内堆放可能危及电力设施安全的物品。

四、《中华人民共和国计量法》

建筑机械操作工在作业过程中，不得破坏使用计量器具的准确度，损害国家和消费者的利益。

五、《中华人民共和国劳动法》《中华人民共和国劳动合同法》

1. 劳动法、劳动合同法赋予建筑机械操作工的权利

（1）享有平等就业和选择职业的权利。

（2）取得劳动报酬的权利。

（3）休息休假的权利。

（4）获得劳动安全卫生保护的权利。

（5）接受职业技能培训的权利。

（6）享受社会保险和福利的权利。

（7）提请劳动争议处理的权利。

（8）法律规定的其他劳动权利。

2. 劳动合同的主要内容

（1）用人单位的名称、住所和法定代表人或者主要负责人。

（2）劳动者的姓名、住址和居民身份证或者其他有效身份证件号码。

（3）劳动合同期限。

（4）工作内容和工作地点。

（5）工作时间和休息休假。

（6）劳动报酬。

（7）社会保险。

（8）劳动保护、劳动条件和职业危害防护。

（9）法律、法规规定应当纳入劳动合同的其他事项。

（10）劳动合同除前款规定的必备条款外，用人单位与劳动者可以约定试用期、培训、保守秘密、补充保险和福利待遇等其他事项。

3. 劳动合同订立的期限

根据国家法律规定，在用工前订立劳动合同的，劳动关系自

用工之日起建立。已建立劳动关系，未同时订立书面劳动合同的，应当自用工之日起1个月内订立书面劳动合同。

4. 劳动合同的试用期限

劳动合同期限3个月以上不满1年的，试用期不得超过1个月；劳动合同期限1年以上不满3年的，试用期不得超过2个月；3年以上固定期限和无固定期限的劳动合同，试用期不得超过6个月。

5. 劳动合同中不约定试用期的情况

以完成一定工作任务为期限的劳动合同或者劳动合同期限不满3个月的，不得约定试用期。

6. 劳动合同中约定试用期不成立的情况

劳动合同仅约定试用期的，试用期不成立，该期限为劳动合同期限。

7. 试用期的工资标准

试用期的工资不得低于本单位相同岗位最低档工资或者劳动合同约定工资的80%，并不得低于用人单位所在地的最低工资标准。

8. 没有订立劳动合同情况下的工资标准

用人单位未在用工的同时订立书面劳动合同，与劳动者约定的劳动报酬不明确的，新招用的劳动者的劳动报酬按照集体合同规定的标准执行，没有集体合同或者集体合同未规定的，实行同工同酬。

9. 无固定期限劳动合同

无固定期限劳动合同，是指用人单位与劳动者约定无确定终止时间的劳动合同。

10. 固定期限劳动合同

固定期限劳动合同，是指用人单位与劳动者约定合同终止时间的劳动合同。建筑机械操作工在该用人单位连续工作满 10 年的，应当订立无固定期限劳动合同。

11. 工作时间制度

国家实行劳动者每日工作时间不超过 8 小时、平均每周工作时间不超过 44 小时的工时制度。

12. 休息时间制度

用人单位应当保证劳动者每周至少休息 1 日，在元旦、春节、国际劳动节、国庆节、法律、法规规定的其他休假节日期间应当依法安排劳动者休假。

13. 集体合同的工资标准

集体合同中劳动报酬和劳动条件等标准不得低于当地人民政府规定的最低标准；用人单位与劳动者订立的劳动合同中劳动报酬和劳动条件等标准不得低于集体合同规定的标准。

14. 非全日制用工

（1）非全日制用工，是指以小时计酬为主，劳动者在同一用人单位一般平均每日工作时间不超过 4 小时，每周工作时间累计不超过 24 小时的用工形式。

（2）非全日制用工双方当事人不得约定试用期。

六、《中华人民共和国安全生产法》

1. 安全生产法赋予建筑机械操作工的权利

（1）建筑机械操作工作业人员有权了解其作业场所和工作岗位存在的危险因素、防范措施及事故应急措施，有权对本单位的安全生产工作提出建议。

（2）建筑机械操作工作业人员有权对本单位安全生产工作中存在的问题提出批评、检举、控告；有权拒绝违章指挥和强令冒险作业。

（3）建筑机械操作工作业时，发现危及人身安全的紧急情况，有权停止作业或采取的应急措施后撤离作业场所。

（4）建筑机械操作工因生产安全事故受到损害，除依法享有工伤保险外，依照有关民事法律尚有获得赔偿的权利的，有权向本单位提出赔偿要求。

（5）建筑机械操作工享有配备劳动防护用品、进行安全生产培训的权利。

2. 安全生产法赋予建筑机械操作工的义务

（1）作业过程中，应当严格遵守本单位的安全生产规章制度和操作规程，服从管理，正确佩戴和使用劳动防护用品。

（2）发现事故隐患或者其他不安全因素，应当立即向现场安全生产管理人员或者本单位负责人报告；接到报告的人员应当及时予以处理。

（3）认真接受安全生产教育和培训，掌握本职工作所需的安全生产知识，提高安全生产技能，增强事故预防和应急处理能力。

3. 建筑机械操作工人员应具备的素质

具备必要的安全生产知识，熟悉有关的安全生产规章制度和安全操作规程，掌握本岗位的安全操作技能，了解事故应急处理措施，知悉自身在安全生产方面的权利和义务。

4. 掌握四新

建筑机械操作工作业人员在采用新工艺、新技术、新材料、新设备的同时，必须了解、掌握其安全技术特性，采取有效的安全防护措施；严禁使用应当淘汰的危及生产安全的工艺、设备。

5. 员工宿舍

生产、经营、储存、使用危险物品的车间、商店、仓库不得与员工宿舍在同一座建筑物内，并与员工宿舍保持安全距离。员工宿舍应设有符合紧急疏散要求、标志明显、保持畅通的出口。

七、《中华人民共和国保险法》《中华人民共和国社会保险法》

1. 社会保险法赋予建筑机械操作工的权利

依法享受社会保险待遇，有权监督本单位为其缴费情况，有权查询缴费记录、个人权益记录，要求社会保险经办机构提供社会保险咨询等相关服务。

2. 用人单位应缴纳的保险

（1）基本养老保险，由用人单位和建筑机械操作工共同缴纳。

（2）基本医疗保险，由用人单位和建筑机械操作工按照国家规定共同缴纳基本医疗保险费。

（3）工伤保险，由用人单位缴纳按照本单位建筑机械操作工工资总额，根据社会保险经办机构确定的费率缴纳工伤保险费。

（4）失业保险，由用人单位和建筑机械操作工按照国家规定共同缴纳失业保险费。

（5）生育保险，由用人单位按照国家规定缴纳生育保险费。

3. 基本医疗保险不能支付的医疗费

（1）应当从工伤保险基金中支付的。

（2）应当由第三人负担的。

（3）应当由公共卫生负担的。

（4）在境外就医的。

4. 适用于工伤保险待遇的情况

因工作原因受到事故伤害或者患职业病，且经工伤认定的，享受工伤保险待遇；其中，经劳动能力鉴定丧失劳动能力的，享受伤残待遇。

5. 领取失业保险金的条件

（1）失业前用人单位和本人已经缴纳失业保险费满1年的。

（2）非因本人意愿中断就业的。

（3）已经进行失业登记，并有求职要求的。

6. 适用于领取生育津贴的情况

（1）女职工生育享受产假。

（2）享受计划生育手术休假。

（3）法律、法规规定的其他情形。

生育津贴按照建筑机械操作工所在用人单位上年度建筑机械操作工月平均工资计发。

八、《中华人民共和国环境保护法》

1. 环境保护法赋予建筑机械操作工的权利

发现地方各级人民政府、县级以上人民政府环境保护主管部门和其他负有环境保护监督管理职责的部门不依法履行职责的，有权向其上级机关或者监察机关举报。

2. 环境保护法赋予建筑机械操作工的义务

应当增强环境保护意识，采取低碳、节俭的生活方式，自觉履行环境保护义务。

九、《中华人民共和国民法通则》

民法通则赋予建筑机械操作工的权利。建筑机械操作工对自己的发明或科技成果，有权申请领取荣誉证书、奖金或者其他奖励。

十、《建设工程安全生产管理条例》

1. 安全生产条例赋予建筑机械操作工的权利

（1）依法享受工伤保险待遇。

（2）参加安全生产教育和培训。

（3）了解作业场所、工作岗位存在的危险、危害因素及防范和应急措施，获得工作所需的合格劳动防护用品。

（4）对本单位安全生产工作提出建议，对存在的问题提出批评、检举和控告。

（5）拒绝违章指挥和强令冒险作业，发现直接危及人身安全紧急情况时，有权停止作业或者采取可能的应急措施后撤离作业场所。

（6）因事故受到损害后依法要求赔偿。

（7）法律、法规规定的其他权利。

2. 安全生产条例赋予建筑机械操作工的义务

（1）遵守本单位安全生产规章制度和安全操作规程。

（2）接受安全生产教育和培训，参加应急演练。

（3）检查作业岗位（场所）事故隐患或者不安全因素并及时报告。

（4）发生事故时，应及时报告和处置。紧急撤离时，服从现场统一指挥。

（5）配合事故调查，如实提供有关情况。

（6）法律、法规规定的其他义务。

十一、《建设工程质量管理条例》

1. 建设工程质量管理条例赋予建筑机械操作工的义务

对涉及结构安全的试块、试件以及有关材料，应当在建设单位或者工程监理单位监督下现场取样，并送具有相应资质等级的质量检测单位进行检测。

2. 重大工程质量的处罚

（1）违反国家规定，降低工程质量标准，造成重大安全事故，构成犯罪的，对直接责任人员依法追究刑事责任。

（2）发生重大工程质量事故隐瞒不报、谎报或者拖延报告期限的，对直接负责的主管人员和其他责任人员依法给予行政处分。

（3）因调动工作、退休等原因离开该单位后，被发现在该单位工作期间违反国家有关建设工程质量管理规定，造成重大工程

质量事故的，仍应当依法追究法律责任。

十二、《工伤保险条例》

1. 认定为工伤的情况

（1）在工作时间和工作场所内，因工作原因受到事故伤害的。

（2）工作时间前后在工作场所内，从事与工作有关的预备性或者收尾性工作受到事故伤害的。

（3）在工作时间和工作场所内，因履行工作职责受到暴力等意外伤害的。

（4）患职业病的。

（5）因工外出期间，由于工作原因受到伤害或者发生事故下落不明的。

（6）在上下班途中，受到非本人主要责任的交通事故或者城市轨道交通、客运轮渡、火车事故伤害的。

（7）法律、行政法规规定应当认定为工伤的其他情形。

2. 视同为工伤的情况

（1）在工作时间和工作岗位，突发疾病死亡或者在48小时之内经抢救无效死亡的。

（2）在抢险救灾等维护国家利益、公共利益活动中受到伤害的。

（3）建筑机械操作工原在军队服役，因战、因公负伤致残，已取得革命伤残军人证，到用人单位后旧伤复发的。

有前款第（1）项、第（2）项情形的，按照本条例的有关规定享受工伤保险待遇；有前款第（3）项情形的，按照本条例的有关规定享受除一次性伤残补助金以外的工伤保险待遇。

3. 工伤认定申请表的内容

工伤认定申请表应当包括事故发生的时间、地点、原因以及建筑机械操作工伤害程度等基本情况。

4. 工伤认定申请的提交材料

（1）工伤认定申请表。

（2）与用人单位存在劳动关系（包括事实劳动关系）的证明材料；

（3）医疗诊断证明或者职业病诊断证明书（或者职业病诊断鉴定书）。

5. 享受工伤医疗待遇的情况

（1）在停工留薪期内，原工资福利待遇不变，由所在单位按月支付。

（2）停工留薪期一般不超过 12 个月。伤情严重或者情况特殊，经设区的市级劳动能力鉴定委员会确认，可以适当延长，但延长不得超过 12 个月。工伤职工评定伤残等级后，停发原待遇，按照本章的有关规定享受伤残待遇。工伤建筑机械操作工在停工留薪期满后仍需治疗的，继续享受工伤医疗待遇。

（3）生活不能自理的工伤建筑机械操作工在停工留薪期需要护理的，由所在单位负责。

6. 停止享受工伤医疗待遇的情况

工伤建筑机械操作工有下列情形之一的，停止享受工伤保险待遇。

（1）丧失享受待遇条件的。

（2）拒不接受劳动能力鉴定的。

（3）拒绝治疗的。

十三、《女职工劳动保护特别规定》

1. 女职工怀孕期间的待遇

（1）用人单位不得在女职工怀孕期、产期、哺乳期降低其基本工资，或者解除劳动合同。

（2）女职工在月经期间，所在单位不得安排其从事高空、低

温、冷水和国家规定的第三级体力劳动强度的劳动。

(3) 女职工在怀孕期间，所在单位不得安排其从事国家规定的第三级体力劳动强度的劳动和孕期禁忌从事的劳动，不得在正常劳动日以外延长劳动时间；对不能胜任原劳动的，应当根据医务部门的证明，予以减轻劳动量或者安排其他劳动。怀孕 7 个月以上（含 7 个月）的女职工，一般不得安排其从事夜班劳动；在劳动时间内应当安排一定的休息时间。怀孕的女职工，在劳动时间内进行产前检查，应当算作劳动时间。

2. 产假的天数

女职工产假为 98 天，其中产前休假 15 天。难产的，增加产假 15 天。多胞胎生育的，每多生育一个婴儿，增加产假 15 天。女职工怀孕流产的，其所在单位应当根据医务部门的证明，给予一定时间的产假。

第二节　建筑机械操作工涉及规范

(1)《土方机械　挖掘装载机　术语和商业规格》(GB/T 10168—2008)。

(2)《建筑施工机械与设备　混凝土搅拌站（楼）》(GB/T 10171—2016)。

(3)《土方机械　装载机和挖掘装载机　第 1 部分：额定工作载荷的计算和验证倾翻载荷计算值的测试方法》(GB/T 10175.1—2008)。

(4)《土方机械　装载机和挖掘装载机　第 2 部分：掘起力和最大提升高度提升能力的测试方法》(GB/T 10175.2—2008)。

(5)《矿用机械正铲式挖掘机》(GB/T 10604—2017)。

(6)《土方机械　行驶速度测定》(GB/T 10913—2005)。

（7）《起重机械超载保护装置》（GB 12602—2009）。

（8）《压路机通用要求》（GB/T 13328—2005）。

（9）《土方机械　液压挖掘机　起重量》（GB/T 13331—2014）。

（10）《土方机械　噪声限值》（GB 16710—2010）。

（11）《混凝土制品机械　术语》（GB/T 17047—2008）。

（12）《起重机和起重机械　技术性能和验收文件》（GB/T 17908—1999）。

（13）《手持式机械作业防振要求》（GB/T 17958—2000）。

（14）《木工机床安全　平压两用刨床》（GB 18956—2003）。

（15）《木工机床　镂铣机　术语和精度》（GB/T 19985—2005）。

（16）《木工机床安全　单轴铣床》（GB 20007—2005）。

（17）《土方机械　机器安全标签　通则》（GB 20178—2014）。

（18）《起重机械　分级　第 1 部分：总则》（GB/T 20863.1—2007）。

（19）《起重机械　分级　第 3 部分：塔式起重机》（GB/T 20863.3—2007）。

（20）《起重机械　分级　第 4 部分：臂架起重机》（GB/T 20863.4—2007）。

（21）《起重机　分级　第 2 部分：流动式起重机》（GB/T 20863.2—2016）。

第二章

建筑机械工岗位要求

第一节　建筑机械操作工职业资格考试的申报

一、初级建筑机械操作工申报条件

具备以下条件之一者，可申报建筑机械操作工初级：

(1) 经本职业初级正规培训达规定标准学时数，并取得结业证书。

(2) 在本职业连续见习工作2年以上。

二、中级建筑机械操作工申报条件

具备以下条件之一者，可申报建筑机械操作工中级：

(1) 取得本职业初级职业资格证书后，连续从事本职业工作3年以上，经本职业中级正规培训达规定标准学时数，并取得结业证书。

(2) 取得本职业初级职业资格证书后，连续从事本职业工作5年以上。

(3) 连续从事本职业工作7年以上。

(4) 取得以中级技能为培养目标的中等以上职业学校本职业（专业）毕业证书。

(5) 取得以高级技能为培养目标的高等职业学校本职业（专业）毕业证书。

三、高级建筑机械操作工申报条件

具备以下条件之一者，可申报建筑机械操作工高级：

(1) 取得本职业中级职业资格证书后，连续从事本职业工作4年以上，经本职业高级正规培训达规定标准学时数，并取得结业证书。

（2）取得本职业中级职业资格证书后，连续从事本职业工作7年以上。

第二节　建筑机械操作工职业资格考试考点

一、建筑机械操作工考试知识考点

1. 机械识图的基本知识，看懂一般机械零件图

2. 常用法定计量单位及其换算，随机常用工具、量具的使用、保养方法

3. 常用燃、润油料和钢丝绳的基本知识

4. 电工学的基础知识

5. 液、气压传动的基本知识

6. 柴油机的简单构造和工作原理

7. 所操作机械的一般构造、性能和工作原理

8. 中小型机械安装、搬运、牵引的常识

9. 所操作机械的各级保养规程，常见故障的产生原因和排除方法

10. 所操作机械的操作方法，安全技术操作规程和冬季施工注意事项

二、建筑机械操作工考试操作考点

1. 正确使用随机常用工具、量具

2. 独立、安全地操作指定的机械

3. 正确使用所操作机械的各种仪表

4. 正确地调整、调试所操作机械的附属装置

5. 安装本专业固定式机械、附属设备和控制设备

6. 安全地进行操作机械的转移

7. 所操作机械的例行保养，一级、二级保养和一般故障的排除

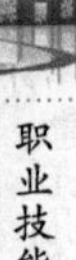

第三节　建筑机械操作工的技能鉴定规范

一、初级建筑机械操作工的技能鉴定规范

初级建筑机械操作工的技能鉴定规范，见表 2-1。

表 2-1　初级建筑机械操作工的技能鉴定规范

项目	鉴定范围	鉴定内容	鉴定比重（%）	备注
知识要求			100	
基本知识（30%）	1. 识图知识 10（%）	（1）图线、图样与比例	2	掌握
		（2）尺寸的标注与尺寸公差	3	掌握
		（3）三视图、剖视图与剖面图	2	掌握
		（4）读零件图的方法与步骤	3	掌握
	2. 电工知识（10%）	（1）电压、电流、电阻与欧姆定律	4	掌握
		（2）三相四线供电线路	2	了解
		（3）常用低压电器的名称与用途	4	掌握
	3. 机械基础知识（10%）	（1）法定计量单位及公英制换算	2	掌握
		（2）常用机械传动机构	3	掌握
		（3）柴油机的构造与工作原理	3	掌握
		（4）液、气压传动基本知识	2	了解
专业知识（60%）	1. 电气（20%）	（1）开关箱的要求和使用	4	掌握
		（2）安全用电防护措施	5	掌握
		（3）用电设备的检查	5	掌握
		（4）安全操作的注意事项	6	掌握
	2. 机械（30%）	（1）所操作机械的一般构造、性能和工作原理	7	掌握
		（2）常用燃、油料的规格、使用及保管	5	掌握
		（3）机械的安全防护装置	5	了解
		（4）机械的安全操作要点、日常维护与保养	8	熟练
		（5）一般故障的判断与排除的方法	5	了解
	3. 钢丝绳（10%）	（1）钢丝绳的种类和用途	2	了解
		（2）钢丝绳的正确使用	4	熟悉
		（3）钢丝绳的报废标准	4	掌握

（续表）

项目	鉴定范围	鉴定内容	鉴定比重（%）	备注
相关知识（10%）	1. 文明施工（5%）	（1）对用户的服务态度	2	掌握
		（2）本岗位文明施工的要求	3	掌握
	2. 安全生产（5%）	（1）安全施工知识	2	熟练
		（2）自我保护意识	2	掌握
		（3）相应的法律和法规	1	了解
操作要求			100	
操作技能（70%）	1. 机械操作（25%）	（1）指定机械的操作	15	掌握
		（2）各种仪表的使用	10	熟练
	2. 机械调试（20%）	（1）指定机械的安装、检查和调试	12	掌握
		（2）附属设备的调整和调试	8	掌握
	3. 机械保养（15%）	（1）例行保养	10	熟练
		（2）一、二级保养	5	掌握
	4. 故障排除（10%）	（1）内燃机常见故障的判定	2	掌握
		（2）电动机常见故障判定	2	掌握
		（3）工作装置的故障判定与排除	4	掌握
		（4）附属设备和控制设备一般故障判定	2	掌握
工具设备使用和维护（15%）	1. 基本工具（7%）	（1）随机常用工具	4	掌握
		（2）随机专用工具	3	掌握
	2. 检测工具（3%）	（1）钢尺与钢卷尺	2	掌握
		（2）卡钳	1	掌握
	3. 起重索具（5%）	（1）钢丝绳	2	掌握
		（2）卸扣	1	掌握
		（3）绳卡	2	掌握

（续表）

项目	鉴定范围	鉴定内容	鉴定比重（%）	备注
安全与其他（15%）	1. 文明施工（5%）	（1）工作前的检查 （2）机械设备、材料、工具的使用 （3）工作结束检查和清洁 （4）与其他工种的配合和协作	1 2 1 1	熟练 熟练 熟练 拿握
	2. 安全（5%）	（1）无安全事故的隐患 （2）杜绝安全事故	3 2	
	3. 施工质量（5%）	（1）正确按工艺流程施工 （2）质量验收合格	2 3	

二、中级建筑机械操作工的技能鉴定规范

中级建筑机械操作工的技能鉴定规范，见表2-2。

表2-2　中级建筑机械操作工的技能鉴定规范

项目	鉴定范围	鉴定内容	鉴定比重（%）	备注
知识要求			100	
基本知识（25%）	1. 识图知识（10%）	（1）投影的基本知识 （2）表面粗糙度、形位公差与公差配合 （3）测绘螺纹紧固件和齿轮的方法与要求 （4）识读装配图的方法与步骤	2 2 2 4	掌握 掌握 了解 掌握
	2. 电工知识（7%）	（1）电磁感应与交流电 （2）常用的电工符号 （3）看简单电路图的基本方法与步骤	2 2 3	掌握 掌握 掌握
	3. 机械基础知识（8%）	（1）皮带传动、齿轮传动的简单计算 （2）内燃机的构造、性能与工作原理 （3）液压传动和液压转动原理图	3 2 3	掌握 掌握 掌握

（续表）

项目	鉴定范围	鉴定内容	鉴定比重（%）	备注
	1. 电气（20%）	（1）电动机的正确使用和维护	6	掌握
		（2）电动机常见故障的判定	4	掌握
		（3）熔断器、熔断丝的要求和正确使用	6	掌握
		（4）触电急救和电气灭火知识	4	了解
专业知识（60%）	2. 机械（30%）	（1）所操作机械液压、气压系统的构造和工作原理	5	了解
		（2）常用中小型建筑机械的型号、规格、构造和主要技术数据	3 5	了解 掌握
		（3）内燃机一般故障的排除方法	5	掌握
		（4）所操作机械的拆卸步骤与方法	3	掌握
		（5）机械零件的清洗与鉴定	4	掌握
		（6）蓄电池正确使用与维护	5	掌握
		（7）所操纵机械大、中修规范和验收标准		
	3. 混凝土与砂浆（10%）	（1）混凝土的组成、分类与性能	3	了解
		（2）混凝土的组成、分类与技术性能	2	了解
		（3）混凝土拌制的一般要求与步骤	3	掌握
		（4）砂浆拌制的一般要求与步骤	2	掌握
相关知识（15%）	1. 班组管理（3%）	（1）班组管理的基本内容	2	掌握
		（2）“三定”制度	1	熟练
	2. 安全生产（4%）	（1）安全制度和安全生产责任制	2	掌握
		（2）安全事故的案例分析	2	掌握
	3. 机械设备（8%）	（1）转移场地所用的吊运机械设备	4	掌握
		（2）配合施工的机械设备	4	掌握
操作要求			100	

（续表）

项目	鉴定范围	鉴定内容	鉴定比重（%）	备注
操作技能（70%）	1. 机械操作（20%）	（1）指定机械的操作 （2）本岗位其他机械的操作	10 10	熟练 掌握
	2. 机械保养（15%）	（1）一、二级保养 （2）所操作机械的三级保养 （3）所操作机械大、中修出厂试车与验收	5 5 5	熟练 掌握 掌握
	3. 故障排除（20%）	（1）内燃机故障排除 （2）电动机故障判定 （3）各种机械故障排除 （4）附属设备和控制设备故障排除 （5）液压系统故障判定	4 4 5 5 2	掌握 掌握 掌握 掌握 掌握
	4. 组织施工（15%）	（1）组织班组施工作业 （2）主持机械、附属设备安装、拆卸和调试 （3）参与编制平行交叉作业的施卫方案 （4）分析处理本机械的事故	5 6 2 2	掌握 掌握 掌握 掌握
工具设备使用和维护（15%）	1. 基本工具（5%）	（1）常用工具 （2）专用工具	3 2	掌握 掌握
	2. 检测工具（4%）	（1）塞尺 （2）游标卡尺	2 2	掌握 掌握
	3. 起重机具（6%）	（1）千斤顶 （2）手动葫芦 （3）电动葫芦	2 2 2	掌握 掌握

（续表）

项目	鉴定范围	鉴定内容	鉴定比重（%）	备注
安全及其他（15%）	1. 文明施工（5%）	（1）机械、设备、材料和工具的合理使用	1	掌握
		（2）班组施工作业	2	掌握
		（3）组织与其他工种的配合协作	2	掌握
	2. 安全（5%）	（1）杜绝安全事故隐患	2	掌握
		（2）提出针对施工现场特点的安全措施	3	掌握
	3. 施工质量（5%）	（1）严格按照施工工艺方法施工	2	掌握
		（2）提出保证施工质量的技术措施	3	掌握

三、高级建筑机械操作工的技能鉴定规范

高级建筑机械操作工的技能鉴定规范，见表 2-3。

表 2-3 高级建筑机械操作工的技能鉴定规范

项目	鉴定范围	鉴定内容	鉴定比重（%）	备注
知识要求			100	
基本知识（20%）	1. 识图知识（6%）	（1）投影作图	1	掌握
		（2）典型零件的表达及测绘	1	掌握
		（3）装配图的尺寸和技术要求	3	掌握
		（4）装配图拆画零件图的方法	1	了解
	2. 电工知识（6%）	（1）三相交流电及三相五线制	2	掌握
		（2）变压器的基本构造及工作原理	2	掌握
		（3）正弦交流电的三要素及其矢量表示法	1	了解
		（4）晶体管基本知识	1	了解
	3. 机械基础知识（8%）	（1）常用钢材与铸铁热处理基本知识	1	了解
		（2）零件修复方法及工艺	2	了解
		（3）机械零件设计的一般知识	2	了解
		（4）液压传动基本回路与液压系统图	3	掌握

（续表）

项目	鉴定范围	鉴定内容	鉴定比重（%）	备注
专业知识（60%）	1. 电气（20%）	（1）三相感应电动机的接法和启动 （2）电气控制系统的故障判定及排除方法 （3）保护接地和保护接零 （4）触电种类及触电预防	4 6 5 5	掌握 掌握 掌握 掌握
	2. 机械（30%）	（1）各类中小型建筑机械的构造、工作原理、性能和主要技术数据 （2）液压油的种类、特性和选用 （3）液压传动系统的构造、工作原理和调整、保养、检修知识 （4）内燃机故障的原因分析及排除方法 （5）内燃机配气机构和燃料供给系统的调整方法 （6）中小型建筑机械的大修规范	6 5 6 5 4 4	掌握 掌握 掌握 掌握 掌握 掌握
	3. 土法起重（10%）	（1）土设备的选用和安装 （2）起重吊索具的配备和正确使用 （3）土法起重的操作要点和安全要点	3 3 4	掌握 掌握 掌握
相关知识（20%）	1. 机械管理（10%）	（1）机械管理的规定和机构 （2）机械管理的有关制度和措施 （3）机械设备的合理使用 （4）新材料、新设备、新技术的应用	2 2 3 3	了解 掌握 掌握 掌握
	2. 安全与质量（5%）	（1）安全制度与预防措施的制订 （2）对新工人、初、中级工的安全教育和示范 （3）施工质量的验收规范	2 1 2	掌握 掌握 掌握
	3. 施工方案（5%）	（1）本岗位施工方案的编制 （2）本岗位施工方案的组织与管理	2 3	掌握 掌握
操作要求			100	

（续表）

项目	鉴定范围	鉴定内容	鉴定比重（%）	备注
操作技能（70%）	1. 机械操作（10%）	本岗位各种机械的操作	（10%）	熟练
	2. 机械保养（10%）	本岗位主要机械的大、中修	10	掌握
	3. 故障排除（25%）	（1）内燃机故障排除	5	熟练
		（2）电动机故障分析	5	熟练
		（3）机械故障排除	6	熟练
		（4）附属设备和控制设备故障排除	5	熟练
		（5）液压系统故障排除	4	熟练
	4. 组织施工（25%）	（1）参与编制本岗位主要机械大、中修计划和工料预算	5	掌握
		（2）解决中小型建筑机械在施工中复杂技术问题	7	掌握
		（3）参与本岗位新型、引进机械的试车和验收	4	掌握
		（4）本岗位报废设备的技术鉴定	6	掌握
		（5）分析处理本岗位重大事故	3	掌握
工具设备使用和维护（15%）	1. 基本工具（3%）	（1）扭力扳手	2	掌握
		（2）挡圈钳	1	掌握
	2. 检测工具（3%）	（1）万用表	1	掌握
		（2）油压表	2	掌握
	3. 简易起重设备（9%）	（1）独脚拔杆	5	掌握
		（2）人字拔杆	4	掌握
安全与其他（15%）	1. 文明施工（4%）	（1）机械、设备和工具的管理	2	掌握
		（2）参与施工现场的文明施工管理	2	掌握
	2. 安全（4%）	（1）杜绝重大事故的安全技术措施制订	2	掌握
		（2）分析重大事故产生原因，采取相应的防范措施	2	掌握
	3. 施工质量（4%）	（1）参与本岗位施工质量验收	2	掌握
		（2）组织本岗位全面质量管理	2	掌握
	4. 技术应用（3%）	（1）技术革新成果的应用	1	掌握
		（2）对初、中级工的技术传授	2	熟练

第四节 建筑工人素质要求

建设工程技术人员的职业道德规范，与其他岗位相比更具有独特的内容和要求，这是由建设施工企业所生产创造的产品特点决定的。建设企业的施工行为是开放式的，从开工到竣工，现场施工人员的一举一动都通过建设项目产生社会影响。在施工过程中，某道工序、某项材料、某个部位的质量疏忽，会直接影响今后整个工程的正常推进。因此，其质量意识必须比其他行业更强，要求更高，且建设施工企业“重合同、守信用”的信誉度要求比一般行业都高。由此可见，建设行业的特点决定了建设施工企业道德建设的特殊性和严谨性，建设工程技术人员的职责要求也更高。

建设工程技术人员职业道德的高低，也呈现在对岗位责任的表现上，一个职业道德高尚的人，必定也是一个对岗位职责认真履行的人。

一、加强技术人员职业道德建设的重要性

建设工程技术人员的职业道德具有与其行业相符的特殊要求，因此其重要性显得尤为突出。在市场经济条件下，企业要在激烈的市场竞争中站稳脚跟，就必须要进行职业道德建设。企业的生存和发展在任何条件下，都需要多找任务、找好任务，最重要的一条，是尽可能地满足业主要求，做到质量优、服务好、信誉高，这样才能在市场上占领更大的份额。职业道德是建设施工企业参与市场竞争的“入场券”，企业信誉来源于每个职工的技术素质和对施工质量的重视，以及企业职工职业道德的水平。由此可见，企业职工个人的职业道德是企业职业道德的基础，只有职工的道德水平提高了，整个企业的道德水平才能提高，企业才能在市场上赢得赞誉。

二、制定有行业特色的职业道德规范

《中共中央关于加强社会主义精神文明建设若干重要问题的决议》为规范职业道德明确提出了“爱岗敬业、诚实守法、办事公道、服务群众、奉献社会”的二十字方针，这是社会主义企业职业道德规范的总纲。各行各业在制定自己的职业道德规范时，必须要蕴涵有行业的鲜明特色和独有的文化氛围。

建设施工行业作为主要承担建设的单位，有着不同于其他企业的行业特点。因此，建设施工行业制定行业道德规范时，除了“敬业、勤业、精业、乐业”以及岗位规范等内容外，还必须重点突出将质量意识放置首位、弘扬吃苦耐劳精神和集体主文观念、突出廉洁自律意识。

三、加强职业道德的环境建设

营造良好的企业文化氛围，全面提高职工的职业道德水平，对建设行业来说有着非常重要的意义，企业的内部环境直接影响职工的职业道德水平。古人云：“近墨者黑，近朱者赤。”营造良好的职业道德氛围可以从加强企业精神文明建设、树立企业先进人物模范、建立企业职工培训机制、大力开展各种创建活动几个方面入手。

四、施工技术人员职业道德规范细则

1. 热爱科技，献身事业

树立“科技是第一生产力”的观念，敬业爱岗，勤奋钻研，追求新知，掌握新技术、新工艺，不断更新业务知识，拓宽视野，忠于职守，辛勤劳动，为企业的振兴与发展贡献自己的力量。

2. 深入施工实际现场，勇于攻克难题

深入基层，深入现场，理论和实际相结合，科研和生产相结合，把施工生产中的难点作为工作重点，知难而进，百折不挠，

不断解决施工生产中的技术难题，提高生产效率和经济效益。

3. 一丝不苟，精益求精

牢固确立精心工作、求实认真的工作作风。施工中严格执行建设技术规范，认真编制施工组织设计，做到技术上精益求精，工程质量上一丝不苟，为用户提供合格建设产品，积极推广和运用新技术、新工艺、新材料、新设备，大力发展建设高科技，不断提高建设科学技术水平。

4. 以身作则，培育新人

谦虚谨慎，尊重他人，善于合作共事，搞好团结协作，既当好科学技术带头人，又甘当铺路石，培育科技事业的接班人，大力做好施工科技知识在职工中的普及工作。

5. 严谨求实，坚持真理

培养严谨求实，坚持真理的优良品德，在参与可行性研究时，坚持真理，实事求是，协助领导科学地决策；在参与投标时，从企业实际出发，以合理造价和合理工期进行投标；在施工中严格执行施工程序、技术规范、操作规程和质量安全标准。

第三章

建筑机械操作技术

第一节　混凝土机械

一、混凝土搅拌机

1. 混凝土搅拌机的分类

常用的混凝土搅拌机按其搅拌原理分为自落式搅拌机和强制式搅拌机两类。

（1）自落式搅拌机。自落式搅拌机的搅拌鼓筒是垂直放置的。随着鼓筒的转动，混凝土拌和料在鼓筒内做自由落体式翻转搅拌，从而达到搅拌的目的。自落式搅拌机多用以搅拌塑性混凝土和低流动性混凝土。筒体和叶片磨损较小，易于清理，但动力消耗大，效率低。搅拌时间一般为 90～120 秒/盘，其构造如图 3-1至图 3-3 所示。

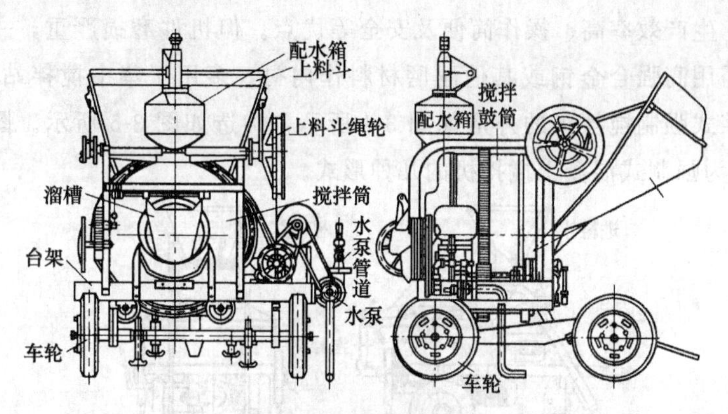

图 3-1　自落式搅拌机

鉴于此类搅拌机对混凝土骨料有较大的磨损，从而影响混凝土质量，现已逐步被强制式搅拌机所取代。

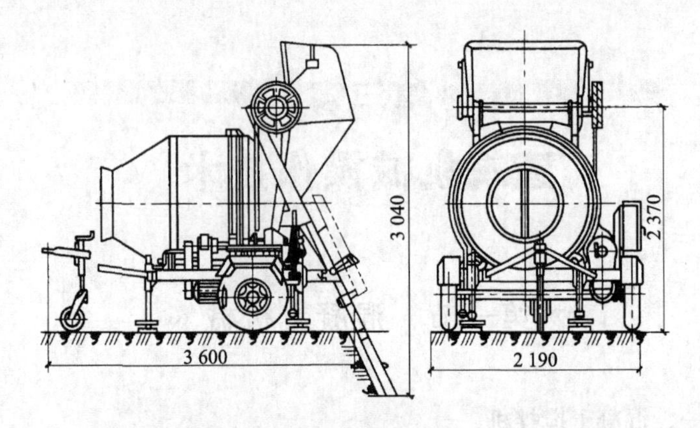

图 3-2　自落式菱形反转出料搅拌机（单位：mm）

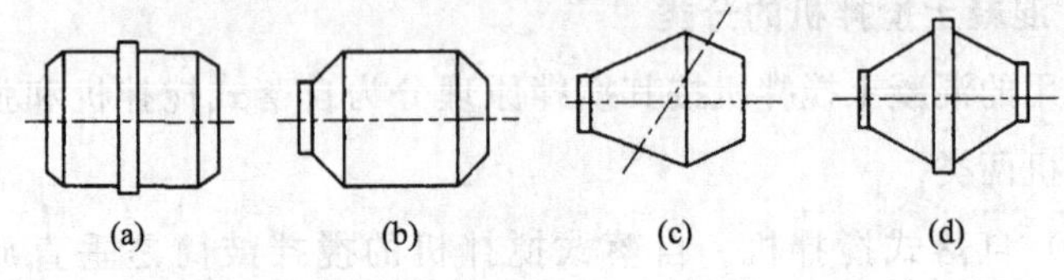

图 3-3　自浇混凝土搅拌机搅拌筒的几种形式

（2）强制式搅拌机。强制式搅拌机的鼓筒内有若干组叶片，搅拌时叶片绕竖轴或卧轴旋转，将材料强行搅拌，直至搅拌均匀。这种搅拌机的搅拌作用强烈，适宜搅拌干硬性混凝土和轻骨料混凝土，也可搅拌流动性混凝土，具有搅拌质量好、搅拌速度快、生产效率高、操作简便及安全等优点。但机件磨损严重，一般需用高强合金钢或其他耐磨材料作内衬，多用于集中搅拌站。涡桨式强制搅拌机的外形如图 3-4 所示，构造如图 3-5 所示。图 3-6 为强制式混凝土搅拌机的几种形式。

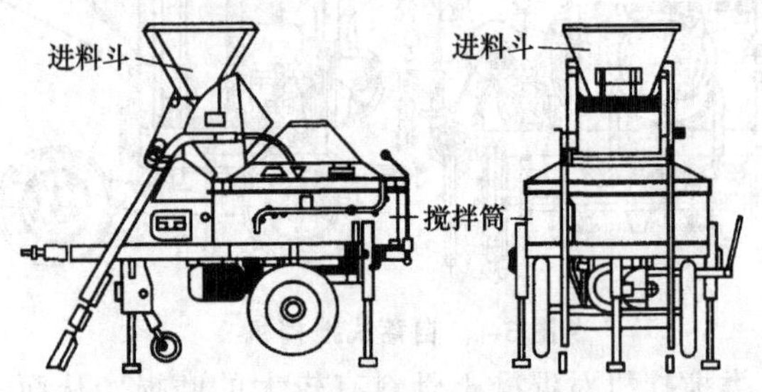

图 3-4　涡桨式强制搅拌机的外形

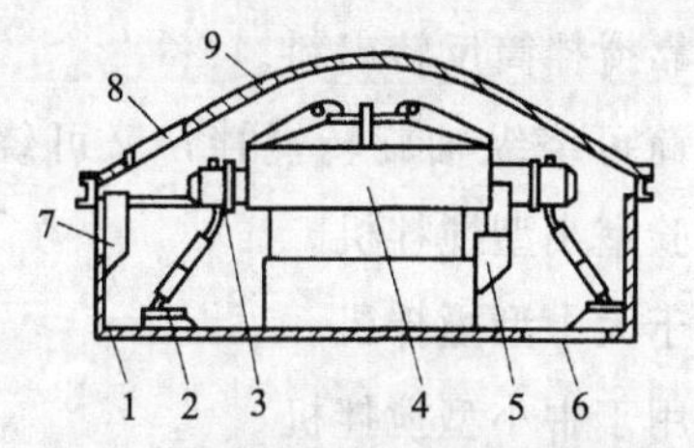

图 3-5 涡桨式强制搅拌机构造

1—搅拌盘；2—搅拌叶片；3—搅拌臂；4—转子；5—内壁铲刮叶片；6—出料口；7—外壁铲刮叶片；8—进料口；9—盖板

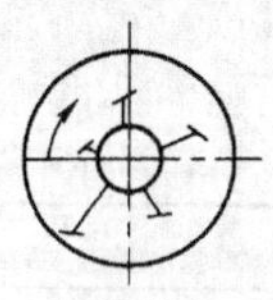

(a) 涡桨式

(b) 搅拌盘固定的行星式

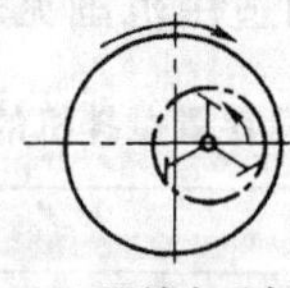

(c) 搅拌盘反向旋转的行星式

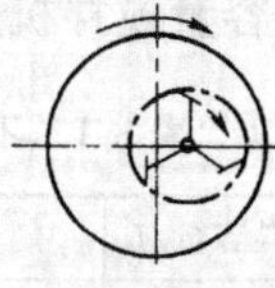

(d) 搅拌盘同向旋转的行星式

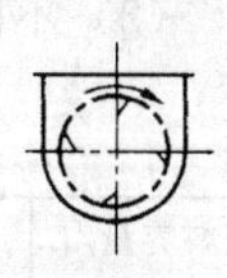

(e) 单卧轴式

图 3-6 强制式混凝土搅拌机的几种形式

2. 混凝土搅拌机的特点和范围

（1）各类搅拌机的特点及适用范围。

①周期性。周期性地进行装料、搅拌、出料，结构简单可靠，容易控制配合比及拌和质量，使用广泛。

②连续式。连续进行装料、搅拌、出料，生产率高。主要用于混凝土使用量很大的工程。

③强制式。筒内物料由旋转轴上的叶片或刮板的强制作用而获得充分的拌和。拌和时间短、生产率高。适宜于拌制干硬性混凝土。

④固定式。通过机架地脚螺栓与基础固定，多装在搅拌楼或搅拌站上使用。

⑤移动式。装有行走机构，可随时拖运转移。应用于中小型临时工程。

⑥倾翻式。靠搅拌筒倾倒出料。

⑦非倾翻式。靠搅拌筒反转出料。

⑧犁式。搅拌筒可绕纵轴旋转搅拌，又可绕横轴回转装料、卸料。一般用于试验室小型搅拌机。

⑨锥式。多用于大中型搅拌机。

⑩鼓筒式。多用于中小型搅拌机

⑪槽式。多为强制式。有单槽单搅拌轴和双槽双搅拌轴等，国内较少使用。

⑫盘式。是一种周期性垂直强制式搅拌机，国内较少采用。

（2）不同容量搅拌机的适用范围见表 3-1。

表 3-1　不同容量搅拌机的适合范围

进料容量/L	出料容量/L	适用范围
100	60	试验室制作混凝土试块
240	150	修缮工程或小型工地拌制混凝土及砂浆
320	200	
400	250	一般工地、小型移动式搅拌站和小型混凝土制品厂的主机
560	350	
800	500	
1 200	750	大型工地、拆装式搅拌站和大型混凝土制品厂搅拌楼主机
1 600	1 000	
2 400	1 500	大型堤坝和水工工程的搅拌楼主机
4 800	3 000	

3. 混凝土搅拌机的操作要点

新机使用前应按使用说明书的要求，对各系统和部件进行检验和必要的试运转，务必达到规定要求方能投入使用。

（1）移动式搅拌机的停放位置必须选择平整坚实的场地，周围应有良好的排水沟渠。

（2）搅拌机就位后，放下支腿将机架顶起，使轮胎离地。在作业期较长的地区使用时，应用垫木将机器架起，卸下轮胎和牵引杆，并将机器调平。

(3) 料斗放到最低位置时，在料斗与地面之间应加一层缓冲垫木。

(4) 接线前检查电源电压，电压升降幅度不得超过搅拌机电气设备规定的5%。

(5) 作业前应先进行空载试验，观察搅拌筒或叶片旋转方向是否与箭头所示方向一致，如方向相反，则应改变电动机接线。反转出料的搅拌机，应使搅拌筒正反转运转数分钟，看有无冲击抖动现象，如有异常噪声，应停机检查。

(6) 搅拌筒或叶片运转正常后，再进行料斗提升试验，观察离合器、制动器是否灵活可靠。

(7) 检查和校正供水系统的指示水量与实际水量是否一致，如误差超过2%，应检查管道是否漏水，必要时应调整节流阀。

(8) 每次加入的拌和料不得超过搅拌机规定值的10%。为减少粘罐，加料的次序应为粗骨料→水泥→砂子，或砂子→水泥→粗骨料。

(9) 料斗提升时，严禁任何人在料斗下停留或通过。必须在料斗下检修时，应将料斗提升后再用铁链锁住。

(10) 作业过程中不得检修、调整或加油；并不得将砂、石等物料落入机器的传动机构内。

(11) 搅拌过程中不宜停车，如因故必须停车，在再次启动前应卸除荷载，不得带载启动。

(12) 以内燃机为动力的搅拌机，在停机前先脱开离合器，停机后仍应合上离合器。

(13) 如遇冰冻天气，停机后应将供水系统的积水放净。内燃机的冷却水也应放净。

(14) 搅拌机在场内移动或远距离运输时，应将进料斗提升

到上止点，并用保险铁链锁住。

(15) 固定式搅拌机安装时，主动与辅机都应用水平尺校正水平。有气动装置的，风源气压应稳定在0.6 MPa左右。作业时不得打开检修孔，入孔检修先把空气开关关闭，并派人监护。

4. 混凝土搅拌机的维护保养

(1) 日常保养。

①每次作业后，清洗搅拌筒内外积灰。搅拌筒内与拌和料不接触部分，清洗完毕后涂上一层机油（全损耗损系统用油），便于下次清洗。

②移动式搅拌机的轮胎气压应保持在规定值，轮胎螺栓应旋紧。

③料斗钢丝绳如有松散现象，应排列整齐并收紧钢丝绳。

④用气压装置的搅拌机，作业后应将储气筒及分路盒内积水放出。

⑤按润滑部位及周期表进行润滑作业。

⑥清洗搅拌机的污水应引入指定地点，并进行处理，不准在机旁或建筑物附近任其自流。尤其冬季，严防搅拌机筒内和地面积水甚至结冰，应有防冻防滑防火措施。

(2) 定期保养（周期500 h）。

①调整V带松紧度。检查并紧固钢板卡子螺栓。

②料斗提升钢丝绳磨损超过规定时，应予以更换，如尚能使用，应进行除尘润滑。

③内燃搅拌机的内燃机部分应按内燃机保养有关规定执行。电动搅拌机应消除电器的积尘，并进行必要的调整。

④按照相应搅拌机说明书规定的润滑部位及周期进行润滑作业。

5. 混凝土搅拌机的注意事项

(1) 电动机应装设外壳或采用其他保护措施，防止水分和潮气侵入而损坏。电动机必须安装启动开关，速度由慢变快。

(2) 开机后，经常注意搅拌机各部件的运转是否正常。停机时，经常检查搅拌机叶片是否打弯，螺钉是否掉落或松动。

(3) 当混凝土搅拌完毕或预计停歇 1 h 以上时，除将余料除净外，应用石子和清水倒入拌筒内，开机转动 5～10 min，把粘在料筒上的砂浆冲洗干净后全部卸出。料筒内不得有积水，以免料筒和叶片生锈。同时还应清理搅拌筒外积灰，使机械保持清洁完好。下班后及停机不用时，将电动机保险丝取下。

二、混凝土泵

1. 混凝土泵的类型及特点

混凝土泵是通过管道依靠压力输送混凝土的施工设备，它能一次连续地完成水平输送和垂直输送，是现有混凝土输送设备中比较理想的一种。

预拌混凝土生产与泵送施工相结合，利用混凝土搅拌运输车进行中间运送，可实现混凝土的连续泵送和浇筑。这对于一些工地狭窄和有障碍物的施工现场，用其他输送设备难以直接靠近的施工工程，混凝土泵则更能有效地发挥作用。而且泵送施工输送距离长，单位时间的输送量大，可以很好地满足高层建筑和混凝土量大的施工要求。

混凝土泵具有机械化程度高、效率高、占用人力少、劳动强度低和施工组织简单等优点，已经在国内外得到了广泛的应用。我国的混凝土泵送技术已接近世界先进水平。

混凝土泵按其构造和工作原理的不同，可以分为活塞式、挤压式、隔膜式及气罐式等几种类型，其中活塞式混凝土泵得到了最广泛的应用。

2. 混凝土泵的工作原理

液压活塞式混凝土泵主要由料斗、混凝土缸、分配阀、液压控制系统和输送管等组成。通过液压控制系统使分配阀交替启

闭。液压缸与混凝土缸连接，通过液压缸活塞杆的往复运动以及分配阀的协同动作，使两个混凝土缸轮流交替完成吸入与排出混凝土的工作过程。目前国内外均普遍采用液压活塞式混凝土泵。

3. 混凝土泵的组成与功用

混凝土泵发展到今天，因电机功率、输送效率等性能的不同，生产厂家对其详细分类已多达数百种，但其工作性质与原理基本相似。以下以中联重工的 HBT60 型混凝土泵为例，介绍其结构特点与泵送原理。

（1）结构组成。混凝土泵的结构组成如图 3-7 所示。

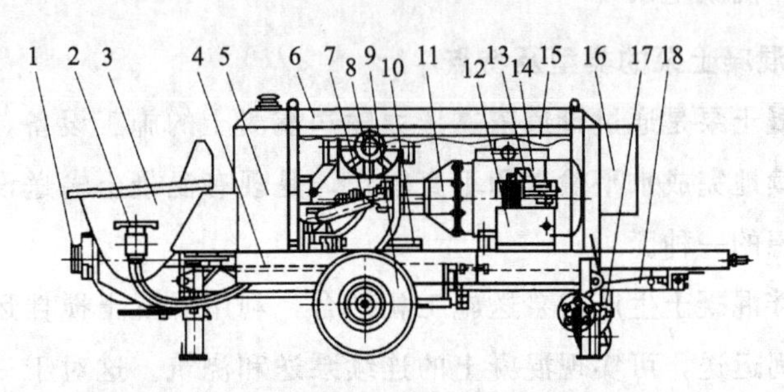

图 3-7 HBT60 型混凝土泵

1—分配机构；2—搅拌机构；3—料斗；4—机构；5—液压油箱；6—机罩；7—液压系统；8—冷却系统；9—拖运桥；10—润滑系统；11—动力系统；12—工具箱；13—清洗系统；14—电机；15—电气系统；16—软启动箱；17—支地轮；18—泵送系统

（2）泵送系统。

①如图 3-8 所示，混凝土活塞与主液压缸的活塞杆连接。在主液压缸液压油作用下，作往复运动，一缸前进，则另一缸后退；混凝土缸出口与料斗连通，分配阀一端接出料口，另一端能过花键轴与摆臂连接，在摆动油缸作用下，可以左右摆动。

②泵送混凝土料时，在主液压缸作用下，一个混凝土活塞前进，另一个混凝土活塞后退，同时在摆动液压缸作用下，分配阀与混凝土缸连通，混凝土缸与料斗连通。这样混凝土活塞后退，

便将料斗内的混凝土吸入混凝土缸，另一个混凝土活塞前进，将混凝土缸内混凝土料送入分配阀泵出。

③当混凝土活塞后退至行程终端时，触发水箱中的换向装置，主液压缸换向，同时摆动液压缸换向，使分配阀与混凝土缸连通，混凝土缸与料斗连通，这时活塞后退，另一个活塞前进，反复循环，从而实现连续泵送。

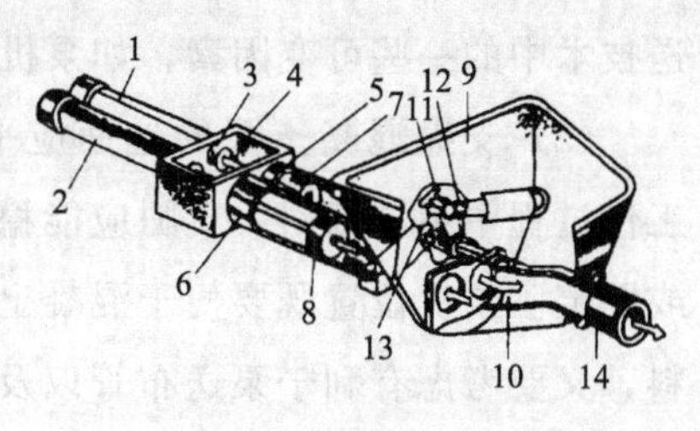

图 3-8 泵送系统

1、2—主液压缸；3—水箱；4—换向装置；5、6—混凝土缸；7、8—活塞；9—料斗；10—分配阀；11—摆臂；12、13—摆动液压缸；14—出料口

④反泵时，通过反泵操作，使处在吸入行程的混凝土缸与分配阀连通，处在推送行程的混凝土缸与料斗连通，从而将管道中的混凝土抽回料斗，如图 3-9 所示。

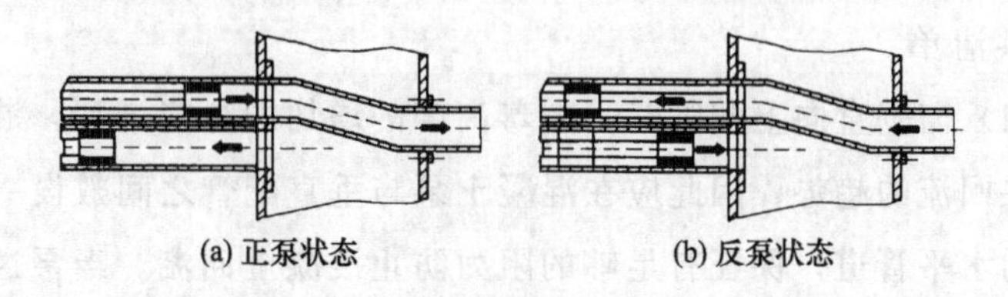

(a) 正泵状态　　(b) 反泵状态

图 3-9 混凝土推行状态

⑤泵送系统通过分配阀的转换完成混凝土的吸入与排出动作，因此分配阀是混凝土泵中的关键部件，其形式会直接影响到混凝土泵的性能。

4. 泵送前的准备工作

(1) 操作者及有关设备管理人员应仔细阅读使用说明书，掌握其结构原理、使用和维护以及泵送混凝土的有关知识；使用及操作混凝土泵时，应严格按照使用说明书执行。因操作者能完全掌握机械性能需要有个过程，因此使用说明书应随机备用。同时，应根据使用说明书制订专门的操作要点，达到有效地控制泵

送技术中的一些可变因素，如泵机位置、管道布置等。

(2) 支撑混凝土泵的地面应平坦、坚实；整机需水平放置，工作过程中不应倾斜。支腿应能稳定地支撑整机，并可靠地锁住或固定。泵机位置既要便于混凝土搅拌运输车的进出及向料斗进料，又要考虑有利于泵送布管以及减少泵送压力损失，同时要求距离浇筑地点近，供电、供水方便。

(3) 应根据施工场地特点及混凝土浇筑方案进行配管，配管设计时要校核管道的水平换算距离是否与混凝土泵的泵送距离相适应。弯管角度一般为15°、30°、45°和90°四种，曲率半径分1 m和0.5 m两种（曲率半径较大的弯管阻力较小）。配管时应尽可能缩短管线长度，少用弯管和软管。输送管的铺设应便于管道清洗、故障排除和拆装维修。当新管和旧管混用时，应将新管布置在泵送压力较大处。配管过程中应绘制布管简图，列出各种管件、管卡、弯管和软管的规格和数量，并提供清单。

(4) 需垂直向上配管时，随着高度的增加即势能增加，混凝土存在回流的趋势，因此应在混凝土泵与垂直配管之间敷设一定长度的水平管道，保证有足够的阻力防止混凝土回流。当泵送高层建筑混凝土时，需垂直向上配管，此时其地面水平管长度不宜小于垂直管长度的1/4。如因场地所限，不能放置上述要求长度的水平管时，可采用弯管或软管代替。

在垂直配管与水平配管相连接的水平配管一侧，宜配置一段软件包管。另外在垂直配管的下端应设置减振支座。垂直向上配管的形式如图3-10所示。

(5) 在混凝土泵送过程中，随着泵送压力的增大，泵送冲击力将迫使管来回移动，这不仅损耗了泵送压力，而且使泵管之间的连接部位处于冲击和间断受拉的状态，可导致管卡及胶圈过早受损、水泥浆溢出，因此必须对泵加以固定。

（6）混凝土泵与输送管连通后，应按混凝土泵使用说明书的规定进行全面检查，符合要求后方能开机进行空运转。空载运行10 min后，再检查一下各机构或系统是否工作正常。

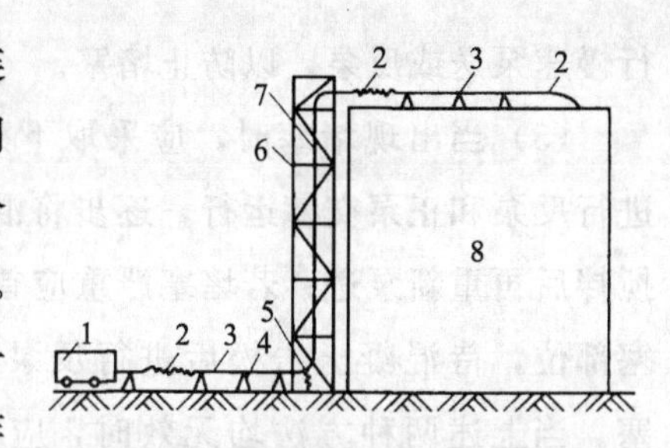

图 3-10　垂直向上的管路布置

1—泵车；2—软管；3—水平管；4—支架；5—减振支座；6—管架；7—垂直管；8—建筑物

（7）混凝土的可泵性。泵送混凝土应满足可泵性要求，必要时应通过试泵送确定泵送混凝土的配合比。

5. 泵送施工操作要点

（1）混凝土泵启动后应先泵送适量水，以湿润混凝土泵的料斗、混凝土缸和输送管等直接与混凝土接触的部位。泵送水后再采用下列方法之一润滑上述部位。

①泵送水泥浆。

②泵送1：2的水泥砂浆。

③泵送除粗骨料外的其他成分配合比的水泥砂浆。润滑用的水泥浆或水泥砂浆应分散布料，不得集中浇筑在同一地方。

（2）开始泵送时，混凝土泵应处于慢速、匀速运行的状态，然后逐渐加速。应同时观察混凝土泵的压力和各系统的工作情况，待各系统工作正常后方可以正常速度泵送。

（3）混凝土泵送工作尽可能连续进行，混凝土缸的活塞应保持以最大行程运行，以便发挥混凝土泵的最大效能，并可使混凝土缸在长度方向上磨损均匀。

（4）混凝土泵若出现压力过高且不稳定、油温升高、输送管明显振动或泵送困难等现象时，不得强行泵送，应立即查明原因予以排除。可先用木槌敲击输送管的弯管、锥形管等部位，并进

行慢速泵送或反泵，以防止堵塞。

（5）当出现堵塞时，应采取下列方法排除。若堵塞不严重，进行反泵和正泵交替运行，逐步将混凝土吸出返回至料斗中，经搅拌后再重新泵送；若堵塞严重应首先用木槌敲击等方法查明堵塞部位，待混凝土击松后进行反泵和正泵交替运行，以排除堵塞。当上述两种方法均无效时，应在混凝土卸压后拆开堵塞部位，待排出堵塞物后重新泵送。

（6）泵送混凝土宜采用预拌混凝土，也可在现场设搅拌站供应泵送混凝土，但不得泵送手工搅拌的混凝土。对供应的混凝土应予以严格的控制，随时注意坍落度的变化，对不符合泵送要求的混凝土不允许入泵，以确保混凝土泵有效地工作。

（7）混凝土泵料斗上应设置筛网，并设专人监视进料，避免因直径过大的骨料或异物进入而造成堵塞。

（8）泵送时，料斗内的混凝土存量不能低于搅拌轴位置，以避免空气进入泵管引起管道振动。

（9）当混凝土泵送过程需要中断时，其中断时间不宜超过1 h。并应每隔5～10 min进行反泵和正泵运转，防止管道中因混凝土泌水或坍落度损失过大而堵管。

（10）泵送完毕后，必须认真清洗料斗及输送管道系统。混凝土缸内的残留混凝土若清除不干净，将在缸壁上固化，当活塞再次运行时，活塞密封面将直接承受缸壁上已固化的混凝土对其的冲击，导致推送活塞局部剥落。这种损坏不同于活塞密封的正常磨损，密封面无法在压力的作用下自我补偿：从而导致漏浆或吸空，引起泵送无力、堵塞等现象。

（11）当混凝土可泵性差或混凝土出现泌水、离析而难以泵送时，应立即对配合比、混凝土泵、配管及泵送工艺等进行检查，并采取相应措施解决。泵送高度和混凝土坍落度的关系见表3-2。

表 3-2　泵送高度和混凝土坍落度关系

泵送高度（m）	30 以下	30～60	60～100	100 以上
坍落度（mm）	100～140	140～160	160～180	180～200

6. 季节性施工

（1）在炎热季节施工时，宜用湿草袋、湿罩布等物覆盖混凝土输送管，以避免阳光直接照射，可防止混凝土因坍落度损失过快而造成堵管。

（2）在严寒地区的冬季进行混凝土泵送施工时，应采取适当的保温措施，宜用保温材料包裹混凝土输送管，防止管内混凝土受冻。

7. 混凝土泵的安全操作要点

（1）料斗上的方格网在作业过程中不得随意移去。

（2）保证泵机各部分润滑良好。

（3）水箱无水时不得开机运转。

（4）寒冷冬季采取防冻措施。

（5）泵机运转时，严禁把手伸入料斗或用手抓握分配阀。若要在料斗或分配阀上工作时，应先关闭电动机和消除蓄能器压力。

（6）炎热季节要防止油温过高，如达到 70℃时，应停止运行。寒冷季节要采取防冻措施。

（7）输送管路要固定、垫实。严禁将输送软管弯曲，以免爆炸。

（8）不得随意调整液压系统压力。

（9）气洗管路时，应将末节管子和其他管路中的弯管用索具固定，现场人员不得靠近出料管口及管路急弯处。压缩空气压力不得高于 0.7 MPa，进气阀不宜立即开大，应先一开一关反复试气，只有当混凝土顺利排出时，才能把气阀开到最大。若发现管端不排料，应关闭进气阀，再缓缓打开排气阀，然后设法分段清

洗。当清洗海绵球即将喷出管口瞬间，应发出信号警告现场人员。

（10）作业完毕后要释放蓄能器的压力。

三、混凝土振动器

1. 混凝土振动器的作用及分类

（1）混凝土振动器的作用。用混凝土搅拌机拌和好的混凝土浇筑构件时，必须排出其中气泡，进行捣固，使混凝土密实结合，消除混凝土的蜂窝麻面等现象，以提高其强度，保证混凝土构件的质量。混凝土振动器就是一种借助动力通过一定装置作为振源产生频繁的振动，并使这种振动传给混凝土，以振动捣实混凝土的设备。

（2）混凝土振动器的分类。混凝土振动器的种类繁多。按传递振动的方式分为内部振动器、外部振动器和表面振动器三种；按振动器的动力来源分为电动式、内燃式和风动式三种，以电动式应用最广；按振动器的振动频率分为低频式、中频式和高频式三种；按振动器产生振动的原理分为偏心式和行星式两种。

2. 混凝土内部振动器

（1）适用范围。混凝土内部振动器适用于各种混凝土施工，对于塑性、平塑性、干硬性、半干硬性以及有钢筋或无钢筋的混凝土捣实均能适用。

（2）分类。混凝土内部振动器主要用于梁、柱、钢筋加密区的混凝土振动设备，常用的内部振动器为电动软轴插入式振动器。

（3）操作方法。

①插入式振动器在使用前应检查各部件是否完好，各连接处是否紧固，电动机绝缘是否良好，电源电压和频率是否符合铭牌规定，检查合格后，方可接通电源、进行试运转。

②振动器的电动机旋转时，若软轴不转，振动棒不启振，系

电动机旋转方向不对，可调换任意两相电源线即可；若软轴转动，振动棒不启振，可摇晃棒头或将棒头轻磕地面，即可启振。当试运转正常后，方可投入作业。

③作业时，要使振动棒自然沉入混凝土，不可用力猛往下推。一般应垂直插入，并插到下层尚未初凝层中 50～100 mm，以促使上下层相互结合。

④振动时，要做到“快插慢拔”。快插是为了防止将表层混凝土先振实，与下层混凝土发生分层、离析现象。慢拔是为了使混凝土能来得及填满振动棒抽出时所形成的空间。

⑤振动棒各插点间距应均匀，一般间距不应超过振动棒有效作用半径的 1.5 倍。

⑥振动棒在混凝土内振密的时间，一般每插点振密 20～30 s，见到混凝土不再明显下沉，不再出现气泡，表面泛出水泥浆和外观均匀为止。如振密时间过长，有效作用半径虽然能适当增加，但总的生产率反而降低，而且还可能使振动棒附近混凝土产生离析，这对塑性混凝土更为重要。此外，振动棒下部振幅要比上部大，故在振密时，应将振动棒上下抽动 5～10 cm，使混凝土振密均匀。

⑦作业中要避免将振动棒触及钢筋、芯管及预埋件等，更不得采取通过振动棒振动钢筋的方法来促使混凝土振密。否则就会因振动而使钢筋位置变动，还会降低钢筋与混凝土之间的黏结力，甚至会发生相互脱离，这对预应力钢筋影响更大。

⑧作业时，振动棒插入混凝土的深度不应超过棒长的 2/3～3/4。否则振动棒将不易拔出而导致软管损坏；更不得将软管插入混凝土中，以防砂浆被浸蚀及渗入软管而损坏机件。

⑨振动器在使用中如温度过高，应即停机冷却检查，如机件故障，要及时进行修理。冬季低温下，振动器作业前，要采取缓慢加温，使棒体内的润滑油解冻后，方能作业。

3. 混凝土表面振动器

混凝土表面振动器有多种，其中最常用的是平板式表面振动器。平板式表面振动器是将它直接放在混凝土表面上，振动器产生的振动波通过与之固定的振动底板传给混凝土。由于振动波是从混凝土表面传入，故称表面振动器。工作时由两人握住振动器的手柄，根据工作需要进行拖移。它适用于大面积、厚度小的混凝土，如混凝土预制构件板、路面、桥面等。

混凝土表面振动器的操作方法：

（1）使用时，应将混凝土浇灌区划分若干排。依次成排平拉慢移，顺序前进，移动间距应使振动器的平板能覆盖已振捣完混凝土的边缘 500 mm 左右，防止漏振。

（2）振捣倾斜混凝土表面时，应由低处逐渐向高处移动，保证混凝土振实。

（3）平板振动器在每一位置上振捣持续时间，以混凝土停止下沉并往上泛浆，或表面平整并均匀出现浆液为度，一般在 25～40 s 范围内为宜。

（4）平板振动器的有效作用深度，在无筋及单层配筋平板中约为 200 mm，在双层配筋平板中约为 120 mm。

（5）大面积混凝土楼面，可将 1～2 台振动器安在两条木杠上，通过木杠的振动使混凝土密实

4. 振动台

混凝土振动台通常用来振动混凝土预制构件。装在模板内的预制品置放在与振动器连接的台面上，振动器产生的振动波通过台面与模板传给混凝土预制品。

振动台是由上部框架、下部框架、支承弹簧、电动机、齿轮箱、振动子等组成。上部框架为振动台台面，它通过螺旋弹簧支承在下部框架上；电动机通过齿轮箱将动力等速反向地传给固定在台面下的两行对称偏心振动子，其振动力的水平分力任何时候

都相平衡，而垂直分力则相叠加，因而只产生上下方向的定向振动，有效地将模板内的混凝土振动成型。

混凝土外部振动器适用于大批生产空心板，壁板及厚度不大的梁柱构件等成型设备。

振动台的操作方法：

(1) 振动台是一种强力振动成型设备，应安装在牢固的基础上，地脚螺栓应有足够强度并拧紧。同时在基础中间必须留有地下坑道，以便调整和维修。

(2) 使用前要进行检查和试运转，检查机件是否完好，所有紧固件特别是轴承座螺栓、偏心块螺栓、电动机和齿轮箱螺栓等必须紧固牢靠。

(3) 振动台不宜长时间空载运转。作业中必须安置牢固可靠的模板并锁紧夹具，以保证模板及混凝土和台面一起振动。

(4) 齿轮因承受高速重负荷，故需要有良好的润滑和冷却。齿轮箱内油面应保持在规定的水平面上，工作时温升不得超过 70℃。

(5) 应经常检查各类轴承并定期拆洗更换润滑油。作业中要注意检查轴承温升，发现过热应停机检修。

(6) 电动机接地应良好可靠，电源线与线接头应绝缘良好，不得有破损漏电现象。

(7) 振动台台面应经常保持清洁平整，使其与模板接触良好。由于台面在高频重载下振动，容易产生裂纹，必须注意检查，及时修补。

第二节　钢筋机械

一、钢筋调直剪切机

1. 钢筋调直剪切机的原理

(1) 盘料架系承载被调直的盘圆钢筋的装置，当钢筋的一端

进入主机调直时，盘料架随之转动，机停转动停。

（2）调直机构由调直筒和调直块组成，调直块固定在调直筒上，调直筒转动带动调直块一起转动，它们之间相对位置可以调整，借助于相对位置的调整来完成钢筋调直。

（3）钢筋牵引由一对带有沟槽的压辊组成，在扳动手柄时，两压辊可分可离，手轮可调压辊的压紧力，以适应不同直径的钢筋。钢筋切断机构主要由锤头和方刀台组成，锤头上下运动，方刀台水平运动，内部装有上下切刀，当方刀台移动至锤头下面时，上切刀被锤头砸下与下切刀形成剪刀，钢筋被切断。

（4）承料架由三段组成，每段 2 m，上部装有拉杆定尺机构，保证被切钢筋定尺，下部可承接被切钢筋。

（5）电机及控制系统电路全部安装在机座内，通过转换开关，控制电机正反转，使钢筋前进或倒退。

（6）由电动机通过皮带传动增速，使调直筒高速旋转，穿过调直筒的钢筋被调直，并由调直模清除钢筋表面的锈皮；由电动机通过另一对减速皮带传动和齿轮减速箱，一方面驱动两个传送压辊，牵引钢筋向前运动，另一方面带动曲柄轮，使锤头上下运动。

（7）当钢筋调直到预定长度，锤头锤击上刀架，将钢筋切断，切断的钢筋落入承料架时，由于弹簧作用，刀台又回到原位，完成一个循环。

2. 钢筋调直剪切机的操作

（1）调直块的调整。

①调直筒内有五个与被调钢筋相适应的调直块，一般调整第三个调直块，使其偏移中心线 3 mm，如图 3-11（a）所示。若试调钢筋仍有慢弯，可加大偏移量，钢筋拉伤严重，可减小偏移量。

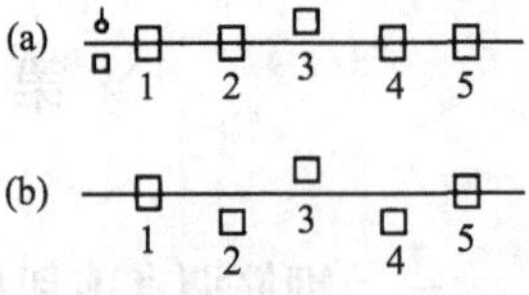

(a) 1 2 3 4 5

(b) 1 2 3 4 5

图 3-11 调直块调整示意

②对于冷拉的钢料，特别是弹性高的，建议两端的调直块在中心线上，中间的调直块向一方偏移，剩余的两个调至块向反方向偏移，如图 3-11（b）所示。偏移量由试验确定，达到调出钢筋满意为止，长期使用调直块会磨损，调直块的偏移量相应增大，磨损严重时需更换。

（2）压辊的调整与使用。

①本机有两对压辊可供调不同直径钢筋时使用，对于四槽压辊，如用外边的槽，将压辊垫圈放在外边；如用里边的槽，要将压辊垫圈装在压辊的背面或将压辊翻转。入料前将手柄转向虚线位置，此时抬起上压辊，把被调料前端引入压辊间，而后手柄转回，再根据被调钢筋直径的大小；旋紧或放松手轮来改变两辊之间的压紧力，如图 3-12 所示。

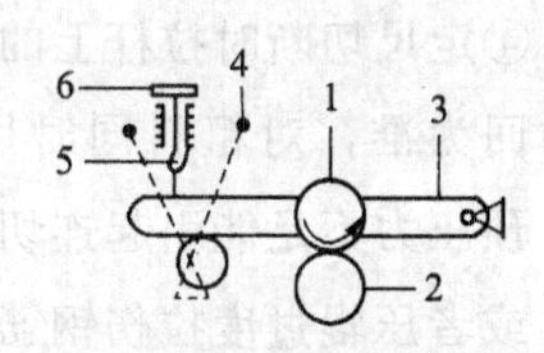

图 3-12　压辊调整机结构

1—上压辊；2—下压辊；3—框架；4—手柄；5—压簧；6—手轮

②一般要求两轮之间的夹紧力要能保证钢筋被顺利地牵引，看不见料有明显的转动，而在切断的瞬间，钢筋在压辊之间有明显的打滑现象为宜。

（3）上下切刀间隙调整。上下切刀间隙调整是在方刀台没装入机器前进行的，如图 3-13 所示。上切刀安装在刀架上，下切刀装在机体上，刀架又在锤头的作用下可上下运动，与固定的下切刀对钢筋实现切断，旋转下切刀可调整两刀间隙，一般是保证两刀口靠得很近，而上切刀运动时又没有阻力，调好后要旋紧下切刀的锁紧螺母。

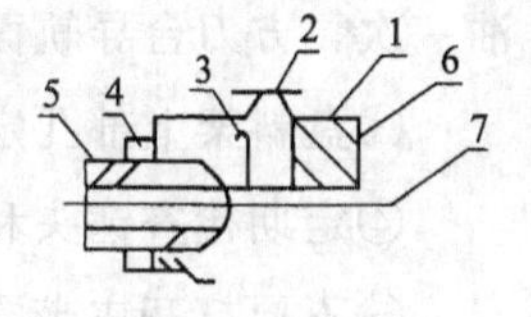

图 3-13　方刀台总成示意

1—方刀台；2—刀架；3—上切刀；4—锁母；5—下切刀；6—拉杆；7—钢筋

（4）承料架的调整和使用。

①根据钢筋直径确定料槽宽度，若钢筋直径大时，将螺钉松开，移动下角板向左，料槽宽度加大，反之则小，一般料槽宽度比钢筋直径大15%～20%。

②支承柱旋入上角板后，用被调钢筋插入料槽，沿着料槽纵向滑动，要能感到阻力，钢筋又能通过，试调中钢筋能从料槽中由左向右连续挤出为宜，否则重调，然后将螺母锁紧。

③定尺板位置按所需钢筋长度而定，如果支承柱或拉杆托块防碍定尺板的安装，可暂时取下。

④定尺切断时拉杆上的弹簧要施加预压力，以保证方刀能可靠弹回为准，对粗料同时用三个弹簧，对细料用其中一个或两个，预压力不足能引起连切，预压力过大可能出现在切断时被顶弯，或者压辊过度拉伤钢筋。

⑤每盘料开头一段经常不直，进入料槽，容易卡住，所以应用手动机构切断，并从料槽中取出。每盘料末尾一段要高度注意，最好缓慢送入调直筒，以防折断伤人。

(5) 钢筋调直剪切机的保养与维修。

①保证传动箱内有足够的润滑油，定期更换。

②调直筒两端用干油润滑，定期加油。锤头滑块部位每班加油一次，方刀台导轨面要每班加油一次。

③盘料架上部孔定期加干油，承料架托块每班要加润滑油。

④定期检查锤头和切刀状态，如有损坏及时更换。

⑤不要打开皮带罩和调直筒罩开车，以防发生危险。

⑥机器电气部分要装有接地线。

⑦调直剪切机在使用过程中若出现故障一般由专业人员进行检修处理，在本书中只作一般介绍，见表3-3。

表 3-3 钢筋调直剪切机故障产生原因及排除方法

故障	产生原因	排除方法
方刀台被顶出导轨	1. 牵引力过大 2. 料在料槽中运动阻力过大	1. 减小压辊压力 2. 调整支承柱旋入量，调整偏移量，提高调直质量，加大拉杆弹簧预压外力
连切现象	1. 拉杆弹簧预紧力小 2. 压辊力过大 3. 料槽阻力大	1. 加大预紧力 2. 排除方法同方刀台被顶出导轨
调前未定尺寸从料槽落下	支承柱旋入短	调整支承柱
钢筋不直	调直块偏移量小	加大偏移量
钢筋表面拉伤	1. 压辊压力过大 2. 调直块偏移量过大 3. 调直块损坏	1. 减小压力 2. 减小偏移量 3. 更换调直块
弯丝	见说明书	调正调直块角度，看调直器与压滚槽、切断总成是否在一条直线上
出现断丝	见说明书	调直块角度过大，切断总成上压簧变软，刀退不回，送丝滚上的压簧过松，材质不好
跑丝	见说明书	压滚压簧过紧，滑道拔簧过松，滑道下边拖丝锕压不到位，滑道不滑动
出现短节	见说明书	滑道与主机拉簧过松，调整拉簧
机器出现振动	见说明书	调整调直块的平衡度

二、钢筋切断机

1. 钢筋切断机的构造及原理

（1）钢筋切断机是用来把钢筋原材料或已调直的钢筋切断，其主要类型有机械式、液压式和手持式。机械式钢筋切断机有偏心轴立式、凸轮式和曲柄连杆式等形式。常见的为曲柄连杆式钢筋切断机。

（2）曲柄连杆式钢筋切断机又分开式、半开式及封闭式三种，它主要由电动机、曲柄连杆机构、偏心轴、传动齿轮、减速齿轮及切断刀等组成。曲柄连杆式钢筋切断机由电动机驱动三角皮带轮，通过减速齿轮系统带动偏心轴旋转。偏心轴上的连杆带动滑块和活动刀片在机座的滑道中作往复运动，配合机座上的固定刀片切断钢筋。

2. 钢筋切断机的操作

（1）接送料的工作台面应和切刀下部保持水平，工作台的长度可根据加工材料长度决定。

（2）启动前，必须检查切刀有无裂纹，确定刀架螺栓紧固，防护罩牢靠。然后用于转动皮带轮，检查齿轮啮合间隙，调整切刀间隙。

（3）启动后，先空运转，检查各传动部分及轴承运转正常后，方可作业。

（4）机械未达到正常转速时，不可切料。切料时，必须使用切刀的中、下部位，紧握钢筋，对准刃口迅速投入。应在固定刀片一侧握紧并压住钢筋，以防钢筋末端弹出伤人。严禁用两手在刀片两边握住钢筋俯身送料。

（5）不得剪切直径及强度超过机械铭牌规定的钢筋和烧红的钢筋。一次切断多根钢筋时，其总截面积应在规定范围内。

（6）剪切低合金钢时，应更换高硬度切刀，剪切直径应符合铭牌规定。

（7）切断短料时，手和切刀之间的距离应保持在 150 mm 以上，如手握端小于 400 mm 时，应采用套管或夹具将钢筋短头压住或夹牢。

（8）运转中，严禁直接清除切刀附近的断头和杂物，钢筋摆动周围和切刀周围不得停留非操作人员。

（9）发现机械运转不正常、有异常或切刀歪斜等情况，应立即停机检修。

（10）作业后，切断电源，用钢刷清除切刀间的杂物，进行整机清洁润滑。

3. 钢筋切断机的故障及排除

钢筋切断机常见故障及排除方法见表3-4。

表3-4 钢筋切断机常见故障及排除方法

故障	原因	排除方法
剪切不顺利	刀片安装不牢固，刀口损伤	紧固刀片或修磨刀口
	刀片侧间隙过大	调整间隙
切刀或衬刀打坏	一次切断钢筋太多	减少钢筋数量
	刀片松动	调整垫铁，拧紧刀片螺栓
	刀片质量不好	更换刀片
切细钢筋时切口不直	切刀过钝	更换或修磨
	上、下刀片间隙太大	调整间隙
轴承及连杆瓦发热	润滑不良，油路不通	加油
	轴承不清洁	清洗
连杆发出撞击声	铜瓦磨损，间隙过大	研磨或更换轴瓦
	连接螺栓松动	紧固螺栓

三、钢筋弯曲机

1. 钢筋弯曲机的构造及原理

（1）涡轮式钢筋弯曲机。

①如图3-14所示为GW-40型蜗轮式钢筋弯曲机的结构，主要由电动机11、蜗轮箱6、工作圆盘9、孔眼条板12和机架1等组成。

②如图3-15所示为GW—40型钢筋弯曲机的传动系统。

③电动机经V带、齿轮、蜗杆和蜗轮传动，带动装在蜗轮轴上的工作盘转动。工作盘上一般有9个轴孔，中心孔用来插心

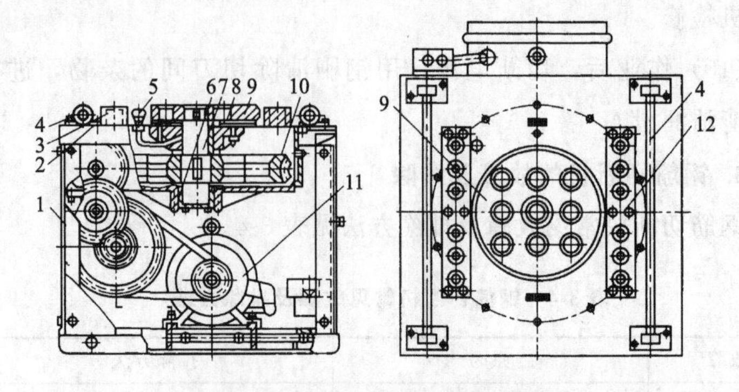

图 3-14 GW-40 型蜗轮式钢筋弯曲机

1—机架；2—工作台；3—插座；4—滚轴；5—油杯；6—蜗轮箱；
7—工作主轴；8—立轴承；9—工作圆盘；10—蜗轮；11—电动机；12—孔眼条板

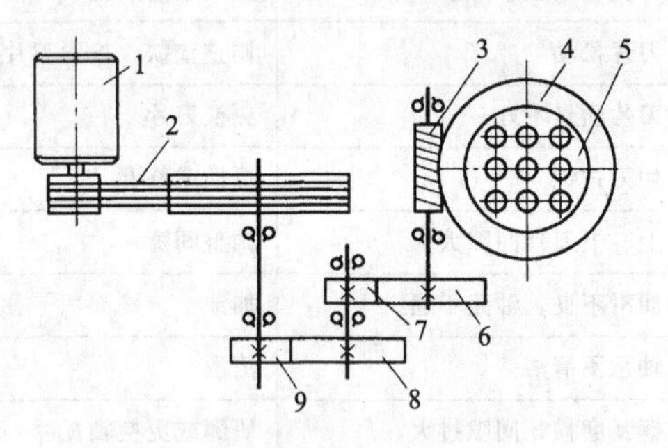

图 3-15 传动系统

1—电动机；2—V 带；3—蜗杆；4—蜗轮；
5—工作盘；6、7—配换齿轮；8、9—齿轮

轴，周围的 8 个孔用来插成形轴。当工作盘转动时，心轴的位置不变，而成形轴围绕着心轴作圆弧运动，通过调整成形轴位置，即可将被加工的钢筋弯曲成所需要的形状。更换相应的齿轮，可使工作盘获得不同转速。

④钢筋弯曲机的工作过程如图 3-16 所示。将钢筋放在工作盘上的心轴和成型轴之间，开动弯曲机使工作盘转动，由于钢筋一端被挡铁轴 3 挡住，因而钢筋被成型轴推压，绕心轴进行弯曲，当达到所要求的角度时，自动或手动使工作盘停止，然后使工作盘反转复位。如要改变钢筋弯曲的曲率，可以更换不同直径的

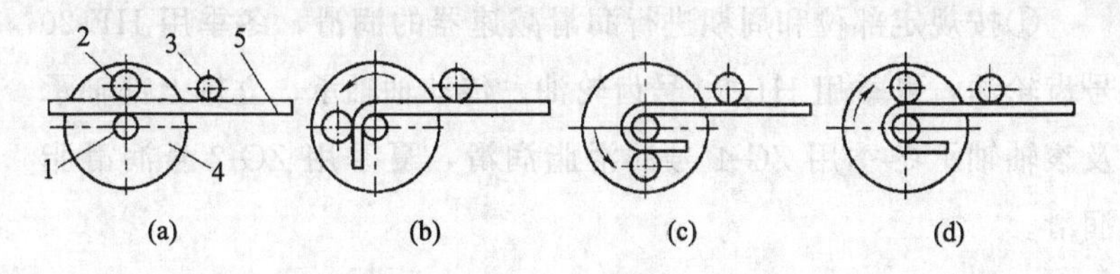

图 3-16　工作过程

1—心轴；2—成型轴；3—挡铁轴；4—工作盘；5—钢筋

心轴。

（2）齿轮式钢筋弯曲机。齿轮式钢筋弯曲机，主要由机架、工作台、调节手轮、控制配电箱、电动机和减速器等组成。

齿轮式钢筋弯曲机全部采用自动控制。工作台上左右两个插入座可通过手轮无级调节，并与不同直径的成形轴及挡料装置相配合，能适应各种不同规格的钢筋弯曲成形。

2. 钢筋弯曲机的操作要点

（1）操作前，应对机械传动部分、各工作机构、电动机接地以及各润滑部位进行全面检查，进行试运转，确认正常后，方可开机作业。

（2）钢筋弯曲机应设专人负责，非工作人员不得随意操作；严禁在机械运转过程中更换心轴、成形轴、挡铁轴；加注润滑油、保养工作必须在停机后方可进行。

（3）挡铁轴的直径和强度不能小于被弯钢筋的直径和强度；未经调直的钢筋，禁止在钢筋弯曲机上弯曲；作业时，应注意放入钢筋的位置、长度和回转方向，以免发生事故。

（4）倒顺开关的接线应正确，使用符合要求，必须按指示牌上“正转—停—反转”转动，不得直接由“正转—反转”而不在“停”位停留，更不允许频繁交换工作盘的旋转方向。

（5）工作完毕，要先将开关扳到“停”位，切断电源，然后整理机具，钢筋堆码应在指定地点，清扫铁锈等污物。

3. 钢筋弯曲机的维护及故障排除

（1）维护要点。

①按规定部位和周期进行润滑减速器的润滑，冬季用 HE-20 号齿轮油，夏季用 HL-30 号齿轮油。传动轴轴承、立轴上部轴承及滚轴轴承冬季用 ZG-1 号润滑脂润滑，夏季用 ZG-2 号润滑脂润滑。

②连续使用 3 个月后，减速箱内的润滑油应及时更换。

③长期停用时，应在工作表面涂装防锈油脂，并存放在室内干燥通风处。

(2) 故障排除。

钢筋弯曲机常见故障及排除方法见表 3-5。

表 3-5　钢筋弯曲机常见故障及排除方法

故障现象	故障原因	排除方法
弯曲的钢筋角度不合适	运用中心轴和挡铁轴不合理	按规定选用中心轴和挡铁轴
弯曲大直径钢筋时无力	传动带松弛	调整带的紧度
弯曲多根钢筋时，最上面的钢筋在机器开动后跳出	钢筋没有把住	将钢筋用力把住并保持一致
立轴上部与轴套配合处发热	润滑油路不畅，有杂物阻塞，不过油	清除杂物
	轴套磨损	更换轴套
传动齿轮噪声大	齿轮磨损	更换磨损齿轮
	弯曲的直径大，转速太快	按规定调整转速

四、钢筋冷拉机

1. 钢筋冷拉机的构造及原理

卷扬机式钢筋冷拉工艺是目前普遍采用的冷拉工艺。它具有适应性强，可按要求调节冷拉率和冷拉控制应力；冷拉行程大，不受设备限制，可冷拉不同长度和直径的钢筋；设备简单、效率高、成本低。

卷扬机式钢筋冷拉机构造主要由卷扬机、滑轮组、地锚、导向滑轮、夹具和测力装置等组成，如图 3-17 所示。

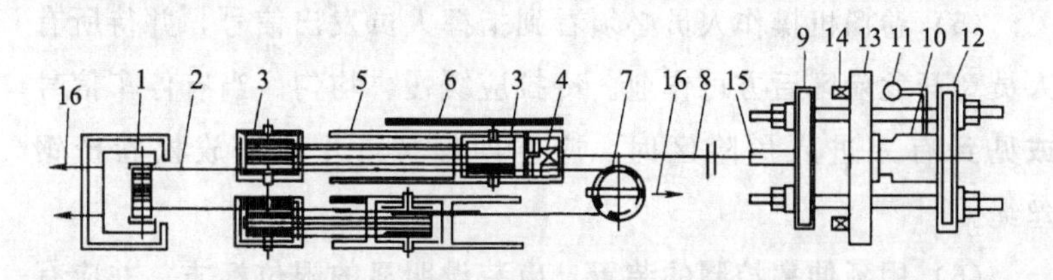

图 3-17　卷扬机式钢筋冷拉机

1—卷扬机；2—传动钢丝强；3—滑轮组；4—夹具；5—轨道；6—标尺；7—导向轮；8—钢筋；9—活动前横梁；10—千斤顶；11—油压表；12—活动后横梁；13—固定横梁；14—台座；15—夹具；16—地锚

工作时，由于卷筒上传动钢丝绳是正、反穿绕在两副动滑轮组上，因此当卷扬机旋转时，夹持钢筋的一副动滑轮组被拉向卷扬机，使钢筋被拉伸；而另一副动滑轮组则被拉向导向滑轮，下次冷拉时交替使用。钢筋所受的拉力经传力杆、活动横梁传送给测力装置，从而测出拉力的大小。对于拉伸长度，可通过标尺直接测量或用行程开关来控制。

2. 钢筋冷拉机的操作

(1) 应根据冷拉钢筋的直径，合理选用卷扬机。卷扬钢丝绳应经封闭式导向滑轮并和被拉钢筋水平方向成直角。卷扬机的位置应使操作人员能见到全部冷拉场地，卷扬机与冷拉中线距离不得少于 5 m。

(2) 冷拉场地应在两端地锚外侧设置警戒区，并应安装防护栏及警告标志。无关人员不得在此停留。操作人员在作业时，必须离开钢筋 2 m 以外。

(3) 用配重控制的设备应与滑轮匹配，并应有指示起落的记号，没有指示记号时应有专人指挥。配重框提起时高度应限制在离地面 300 mm 以内，配重架四周应有栏杆及警告标志。

(4) 作业前，应检查冷拉夹具，夹齿应完好，滑轮、拖拉小

车应润滑灵活，拉钩、地锚及防护装置均应齐全牢固。确认良好后，方可作业。

(5) 卷扬机操作人员必须看到指挥人员发出信号，并待所有人员离开危险区后方可作业。冷拉应缓慢、均匀。当有停车信号或见到有人进入危险区时，应立即停拉，并稍稍放松卷扬钢丝绳。

(6) 用延伸率控制的装置，应装设明显的限位标志，并应有专人负责指挥。

(7) 夜间作业的照明设施，应装设在张拉危险区外。当需要装设在场地上空时，其高度应超过 3 m。灯泡应加防护罩，导线严禁采用裸线。

(8) 作业后，应放松卷扬钢丝绳，落下配重，切断电源，锁好开关箱。

五、钢筋对焊机

1. 钢筋对焊机的构造

UN1 系列对焊机构造主要由焊接变压器、固定电极、移动电极、送料机构（加压机构)、水冷却系统及控制系统等组成，如图 3-18 所示。左右两电极分别通过多层铜皮与焊接变压器次级线圈的导体连接，焊接变压器的次级线圈采用循环水冷却。在焊接处的两侧及下方均有防护板，以免熔化金属溅入变压器及开关中。

焊工须经常清理防护板上的金属溅沫，以免造成短路等故障。

(1) 送料机构。送料机构能够完成焊接中所需要的熔化及挤压过程，它主要包括操纵杆、可动横架、调节螺丝等，当将操纵杆在两极位置中移动时，可获得电极的最大工作行程。

(2) 开关控制。按下按钮，此时接通继电器，使交流接触器吸合，于是焊接变压器接通。移动操纵杆，可实施电阻焊或闪光

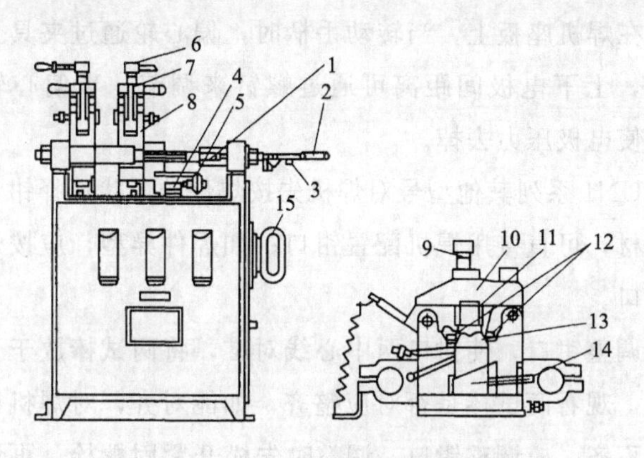

图 3-18 UN1 系列对焊机构造示意

1—调节螺栓；2—操纵杆；3—按钮；4—行程开关；5—行程螺栓；6—手柄；7—套钩；8—电极座；9—夹紧螺栓；10—夹紧臂；11—上钳口；12—下钳口紧固螺栓；13—下钳口；14—下钳口调节螺杆；15—插头

焊。当焊件因塑性变形而缩短，达到规定的顶锻留量，行程螺栓触动行程开关使电源自动切断。控制电源由次级电压为 36V 的控制变压器供电，以保证操作者的人身安全。

（3）钳口（电极）。左右电极座上装有下钳口、杠杆式夹紧臂、夹紧螺丝，另有带手柄的套钩，用以夹持夹紧臂。下钳口为铬锆铜，其下方为借以通电的铜块，由两楔形铜块组成，用以调节所需的钳口高度。楔形铜块的两侧由护板盖住。

（4）电气装置。焊接变压器为铁壳式，其初级电压为 380 V，变压器初级线圈为盘式绕组，次级绕组为三块周围焊有铜水管的铜板并联而成，焊接时按焊件大小选择调节级数，以取得所需要的空载电压。变压器至电极由多层薄铜片连接。焊接过程通电时间的长短，可由焊工通过按钮开关及行程开关控制。

上述开关控制中间继电器，由中间继电器使接触器接通或切断焊接电源。

2. 钢筋对焊机安装使用方法

（1）UN1-25 型对焊机为手动偏心轮夹紧机构。其底座和下

电极固定在焊机座板上，当转动手柄时，偏心轮通过夹具上板对焊件加压，上下电极间距离可通过螺钉来调节。当偏心轮松开时，弹簧使电极压力去掉。

（2）UN1系列其他型号对焊机先按焊件的形状选择钳口，如焊件为棒材，可直接用焊机配置钳口；如焊件异型，应按焊件形状定做钳口。

（3）调整钳口，使钳口两中心线对准，将两试棒放于下钳口定位槽内，观看两试棒是否对应整齐，如能对齐，对焊机即可使用；如对不齐，应调整钳口。调整时先松开紧固螺栓，再调整调节螺杆，并适当移动下钳口，获得最佳位置后，拧紧紧固螺栓。

（4）按焊接工艺的要求，调整钳口的距离。当操纵杆在最左端时，钳口（电极）间距应等于焊件伸出长度与挤压量之差；当操纵杆在最右端时，电极间距相当于两焊件伸出长度，再加2～3 mm（即焊前之原始位置），该距离调整由调节螺栓获得。焊接标尺可帮助您调整参数。

（5）试焊。在试焊前为防止焊件的瞬间过热，应逐级增加调节级数。在闪光焊时须使用较高的次级空载电压。闪光焊过程中有大量熔化金属溅沫，焊工须戴深色防护眼镜。

低碳钢焊接时，最好采用闪光焊接法。

（6）钳口的夹紧动作如下。

①先用手柄转动夹紧螺栓，适当调节上钳口的位置。

②把焊件分别插入左右两上下钳口间。

③转动手柄，使夹紧螺栓夹紧焊件。焊工必须确保焊件有足够的夹紧力，方能施焊，否则可能导致烧损机件。

（7）焊件取出动作如下。

①焊接过程完成后，用手柄松开夹紧螺栓。

②将套钩卸下，则夹紧臂受弹簧的作用而向上提起。

③取出焊件，拉回夹紧臂，套上套钩，进行下一轮焊接。焊

工也可按自己习惯装卡工件，但必须保证焊前工件夹紧。

(8) 闪光焊接法。碳钢焊件的焊接规范可参考下列数据。

①电流密度。烧化过程中，电流密度通常为 6～25 A/mm^2，较电阻焊时所需的电流密度低 20%～50%。

②焊接时间。在无预热的闪光焊时，焊接时间视焊件的截面及选用的功率而定。当电流密度较小时，焊接时间即延长，通常约为 2～20 s 左右。

③烧化速度。烧化速度决定于电流密度，预热程度及焊件大小，在焊接小截面焊件时，烧化速度最大可为 4～5 mm/s，而焊接大截面时，烧化速度则小于 2 mm/s。

④顶锻压力。顶锻压力不足，可能造成焊件的夹渣及缩孔。在无预热闪光焊时，顶锻压力应为 5～7 kg/mm^2。而预热闪光焊时，顶锻压力则为 3～4 kg/mm^2。

⑤顶锻速度。为减少接头处金属的氧化，顶锻速度应尽可能的高，通常等于 15～30 mm/s。

3. 钢筋对焊机的维护与保养

UN1 系列对焊机的维护与保养见表 3-6。

表 3-6　UN1 系列对焊机的维护与保养

保养部位	保养工作技术内容	维护保养方法	保养周期
整机	擦拭外壳灰尘	擦拭	每日一次
	传动机构润滑	向油孔注油	每月一次
	机内清除飞溅物，灰尘	用铁铲去除飞溅物，用压缩气体吹除灰尘	每月一次
变压器	经常检查水龙头接头，防止漏水，使变压器受潮	勤检查，发现漏水迹象及时排除	每日一次
	而次绕组与软铜带连接螺钉松动	拧紧松动螺钉	每季一次
	闪光对焊机要定期清理溅落在变压器上的飞溅物	消除飞溅堆积物	每月一次

（续表）

保养部位	保养工作技术内容	维护保养方法	保养周期
电压调节开关	焊机工作时不许调节	焊机空载时可以调节	列入操作规程
	插座应插入到位	插入开关时应用力插到位，插不紧应检修刀夹	每月一次
	开关接线螺钉防止松动	发现松动应紧固螺钉	每月一次
电极（夹具）	焊件接触面应保持光洁	清洁，磨修	每日一次
	焊件接触面勿黏连铁迹	磨修或更换电极	每日一次
水路系统	无冷却水不得使用焊机	先开水阀后开焊机	列入操作规程
	保证水路通畅	发现水路堵塞及时排除	每季一次
	出水口水温不得过高	加大水流量，保持进水口水温不高手30℃，出水口温度不高于45℃	每日检查
	冬季要防止水路结冰，以免水管冻裂	每日用完焊机应用压缩空气将机内存水吹除干净	冬季执行
接触器	主触点要防止烧损	研磨修理或更换触点	每季一次
	绕组接线头防止断线、掉头和松动	接好断线掉头处，拧紧松动的螺丝	每季一次

4. 钢筋对焊机的检修

对焊机检修应在断电后进行，检修应由专业电工进行。

（1）按下控制按钮，焊机不工作。

①检查电源电压是否正常。

②检查控制线路接线是否正常。

③检查交流接触器是否正常吸合。

④检查主变压器线圈是否烧坏。

（2）松开控制按钮或行程螺栓触动行程开关，变压器仍然工作。

①检查控制按钮、行程开关是否正常。

②检查交流接触器、中间继电器衔铁是否被油污黏连不能断开，造成主变压器持续供电。

(3) 焊接不正常，出现不应有飞溅。

①检查工件是否不清洁，有油污，锈痕。

②检查丝杆压紧机构是否能压紧工件。

③检查电极钳口是否光洁，有无铁迹。

(4) 下钳口（电极）调节困难。

①检查电极、调整块间隙是否被飞溅物阻塞。

②检查调整块，下钳口调节螺杆是否烧损、烧结，变形严重。

(5) 不能正常焊接交流，接触器出现异常响声。

①焊接时测量交流接触器进线电压是否低于自身释放电压300 V。

②检查引线是否太细太长，压降太大。

③检查网络电压是否太低，不能正常工作。

④检查主变压器是否有短路，造成电流太大。

⑤根据检查出来的故障部位进行修理、换件、调整。

六、钢筋气压焊设备

钢筋气压焊，是采用一定比例的氧乙炔焰为热源，对需要接头的两钢筋端部接缝处进行加热烘烤，使其达到热塑状态，同时对钢筋施加30～40 MPa的轴向压力，使钢筋顶锻在一起。

钢筋气压焊分敞开式和闭式两种。前者是将两根钢筋端面稍加离开，加热到熔化温度，加压完成的一种办法，属熔化压力焊；后者是将两根钢筋端面紧密闭合，加热到1 200～1 250℃，加压完成的一种方法，属固态压力焊。目前常用的方法为闭式气压焊，其原理是在还原性气体的保护下，加热钢筋，使其发生塑性流变后相互紧密接触，促使端面金属晶体相互扩散渗透，再结晶、排列，进而形成牢固的对焊接头。

钢筋气压焊设备构造包括：

（1）供气装置。供气装置包括氧气瓶、溶解乙炔气瓶（或中压乙炔发生器）、干式回火防止器、减压器、橡胶管等。溶解乙炔气瓶的供气能力，必须满足现场最粗钢筋焊接时的供气量要求，若气瓶供气不能满足要求时，可以并联使用多个气瓶。

①氧气瓶是用来储存、运输压缩氧（O_2）的钢瓶，常用容积为 40 L，储存氧气 6 m^3，瓶内公称压力为 14.7 MPa。

②乙炔气瓶是储存、运输溶解乙炔（C_2H_2）的特殊钢瓶，在瓶内填满浸渍丙酮的多孔性物质，其作用是防止气体爆炸及加速乙炔溶解于丙酮的过程。瓶的容积 40 L，储存乙炔气为 6 m^3，瓶内公称压力为 1.52 MPa。乙炔钢瓶必须垂直放置，当瓶内压力减低到 0.2 MPa 时，应停止使用。氧气瓶和溶解乙炔气瓶的使用，应遵照《气瓶安全监察规程》的有关规定执行。

③减压器是用于将气体从高压降至低压，设有显示气体压力大小的装置，并有稳压作用。减压器按工作原理分正作用和反作用两种，常用的有如下两种单级反作用减压器，QD-2A 型单级氧气减压器，高压额定压力为 15 MPa，低压调节范围为 0.1～1.0 MPa；QD-20 型单级乙炔减压器，高压额定压力为 1.6 MPa，低压调节范围为 0.01～0.15 MPa。

④回火防止器是装在燃料气体系统防止火焰向燃气管路或气源回烧的保险装置，分水封式和干式两种。其中水封式回火防止器常与乙炔发生器组装成一体，使用时一定要检查水位。

⑤乙炔发生器是利用电石（主要成分为 CaC_2）中的主要成分碳化钙和水相互作用，以制取乙炔的一种设备。使用乙炔发生器时应注意，每天工作完毕应放出电石渣，并经常清洗。

（2）加热器。加热器由混合气管和多火口烤钳组成，一般称为多嘴环管焊炬。为使钢筋接头处能均匀加热，多火口烤钳设计成环状钳形，如图 3-19 所示，并要求多束火焰燃烧均匀，调整方便。

(3) 加压器。加压器由液压泵、压力表、液压胶管和油缸四部分组成。在钢筋气压焊接作业中，加压器作为压力源，通过连接夹具对钢筋进行顶锻，施加所需要的轴向压力。

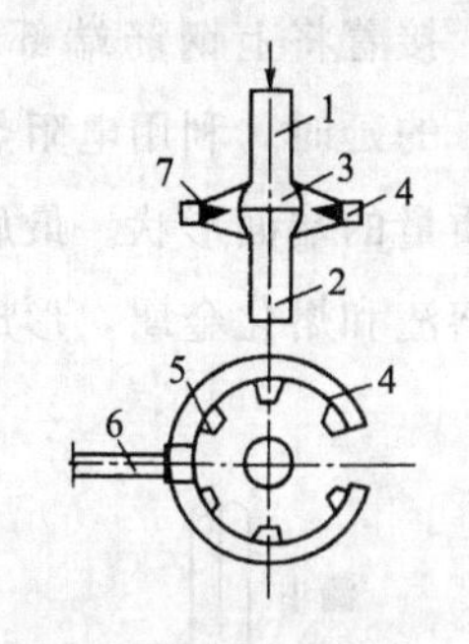

图 3-19 多火口烧钳

1—上钢筋；2—下钢筋；3—镦粗区；4—环形加热器（火钳）；5—火口；6—混气管；7—火焰

液压泵分手动式、脚踏式和电动式三种。

(4) 钢筋卡具（或称连接钢筋夹具）。由可动和固定卡子组成，用于卡紧、调整和压接钢筋用。

连接钢筋夹具应对钢筋有足够握力，确保夹紧钢筋，并便于钢筋的安装定位，应能传递对钢筋施加的轴向压力，确保在焊接操作中钢筋不滑移，钢筋头不产生偏心和弯曲，同时不损伤钢筋的表面。

七、竖向钢筋电渣压力焊

钢筋电渣压力焊是一项新的钢筋竖向连接技术，属于熔化压力焊，它是利用电流通过两根钢筋端部之间产生的电弧热和通过渣池产生的电阻热将钢筋端部熔化，然后施加压力使钢筋焊接为一体的方法。这种方法具有施工简便、生产效率高、节约电能、节约钢材、接头质量可靠、成本较低的特点。主要用于现浇钢筋混凝土结构中竖向或斜向（倾斜度在 4∶1 范围内）钢筋的连接。

竖向钢筋电渣压力焊是一种综合焊接技术，它具有埋弧焊、电渣焊、压力焊三种焊接方法的特点。焊接开始时，首先在上、下两钢筋端之间引燃电弧，使电弧周围焊剂熔化形成空穴，随后在监视焊接电压的情况下，进行“电弧过程”的延时，利用电弧热量，一方面使电弧周围的焊剂不断熔化，以使渣池形成必要的深度；另一方面使钢筋端面逐渐烧平，为获得优良接头创造条件。接着将上钢筋端部潜入渣池中，电弧熄灭，进行“电渣过程”的延时，利用电阻热使钢筋全断面熔化并形成有利于保证焊接质量的端面形状。最后，在断电的同时迅速进行挤压，排除全部熔渣和熔化金属，形成焊接接头，如图 3-20 所示。

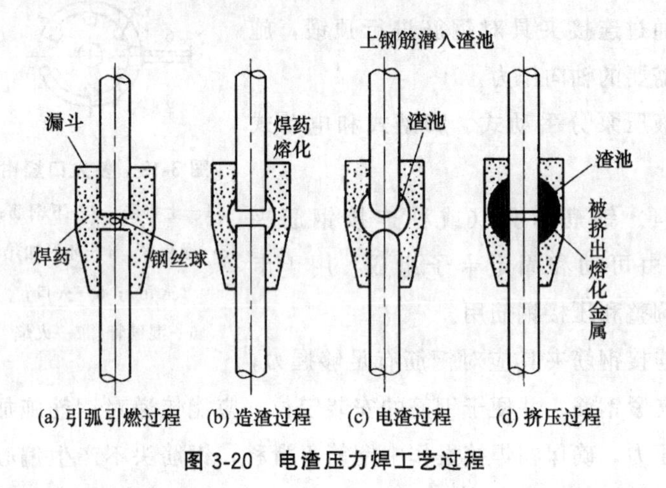

图 3-20　电渣压力焊工艺过程

钢筋电渣压力焊接一般适用于 HPB300、HRB400 级直径为 14～40 mm 的钢筋的连接。

竖向钢筋电渣压力焊的构造如下：

（1）焊机。目前的焊机种类较多，大致分类如下。

①按整机组合方式分类。

a. 分体式焊机。包括焊接电源（包括电弧焊机）、焊接夹具、控制系统和辅件（焊剂盒、回收工具等几部分）。此外，还有控制电缆、焊接电缆等附件。其特点是便于充分利用现有电弧焊机，节省投资。

b. 同体式焊机。将控制系统的电气元件组合在焊接电源内，另配焊接夹具、电缆等。其特点是可以一次投资到位，购入即可使用。

②按操作方式分类。

a. 手动式焊机。由焊工操作。这种焊机由于装有自动信号装

置，又称半自动焊机，如图 3-21 和图 3-22 所示。

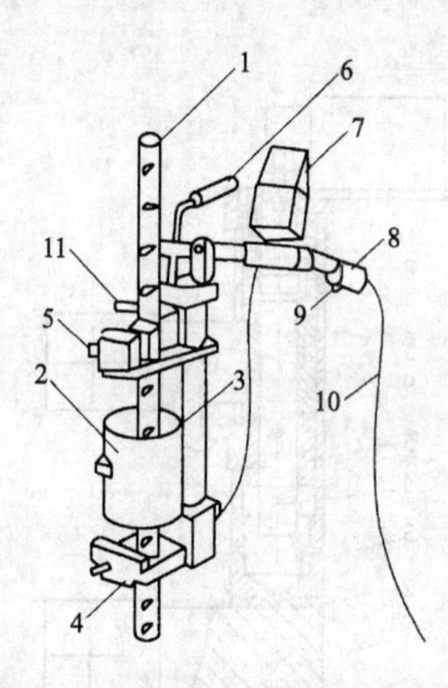

图 3-21　杠杆式单信焊接机头示意

1—钢筋；2—焊剂盒；3—单导柱；4—下夹头；5—上夹头；6—手柄；
7—监控仪表；8—操作手把；9—开关；10—控制电缆；11—插座

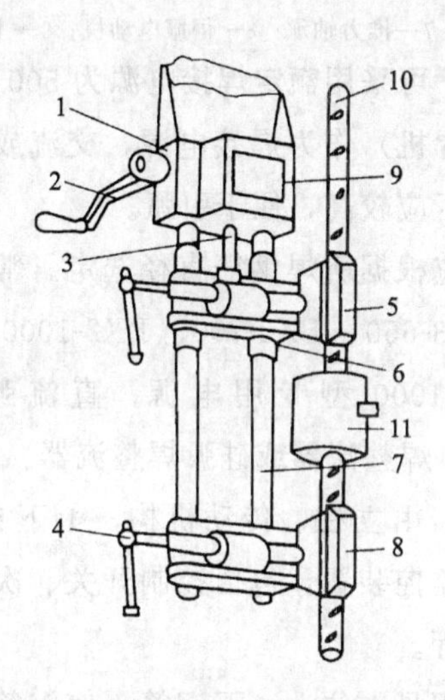

图 3-22　丝杠传动式双柱焊接机头示意

1—齿轮箱；2—手柄；3—升降丝杠；4—夹紧装置；5—上夹头；6—导管；
7—双导柱；8—下夹头；9—操作台；10—钢筋；11—熔剂盒

b. 自动式焊机。这种焊机可自动完成电弧、电渣及顶压过程，可以减轻焊工劳动强度，但电气线路较复杂，自动焊机卡具构造如图 3-23 所示。

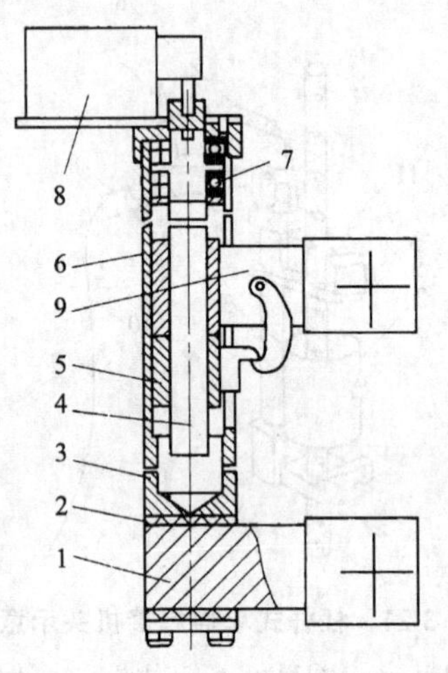

图 3-23　自动焊机卡具构造示意

1—下卡头；2—绝缘层；3—支柱；4—丝杠；5—传动螺母；
6—滑套；7—推力轴承；8—伺服电动机；9—上卡头

(2) 焊接电源。可采用额定焊接电源为 500 A 或 500 A 以上的弧焊电源（电弧焊机）作为焊接电源，交流或直流均可。焊接电源的次级空载电压应较高，便于引弧。

焊机的容量，应根据所焊钢筋直径选定。常用的交流弧焊机有 BX3-500-2、BX3-650、BX2-700、BX2-1000 等，也可选用 JSD-600 型或 JSD-1000 型专用电源；直流弧焊电源，可用 ZX5-630 型晶闸管弧焊整流器或硅弧焊整流器。

(3) 焊接夹具。由立柱、传动机构、上下夹钳、焊剂（药）盒等组成，并装有监控装置，包括控制开关、次级电压表、时间指示灯（显示器）等。

夹具的主要作用是夹住上、下钢筋，使钢筋定位同心；传导焊接电流；确保焊药盒直径与钢筋直径相适应，便于装卸焊药，装有便于准确掌握各项焊接参数的监控装置。

(4) 控制箱。它的作用是通过焊工操作（在焊接夹具上揿按钮），使弧焊电源的初级线路接通或断开。

（5）焊剂。焊剂（焊药）采用高锰、高硅、低氢型 HJ431 焊剂，其作用是使熔渣形成渣池，使钢筋接头良好，并保护熔化金属和高温金属，避免氧化、氮化反应的发生。使用前必须经 250℃烘烤 2 h。落地的焊剂可以回收，并经 5 mm 筛子筛去熔渣，再经铜箩筛筛一遍后烘烤 2 h，最后再用铜箩筛筛一遍，才能与新焊剂混合使用。

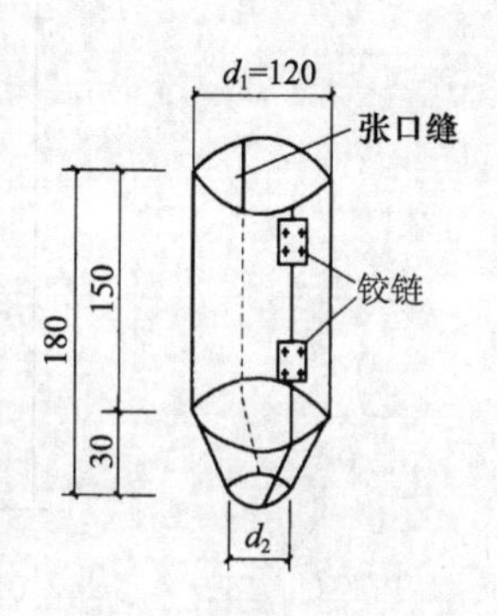

图 3-24　焊剂（药）盒（单位：mm）

焊剂盒可制成合瓣圆柱体，下部为锥体，如图 3-24 所示。

八、全自动钢筋竖、横向电渣焊机

1. 全自动钢筋竖、横向电渣焊机的构造

全封闭自动钢筋电渣焊机的设备组成如图 3-25、图 3-26 所示。

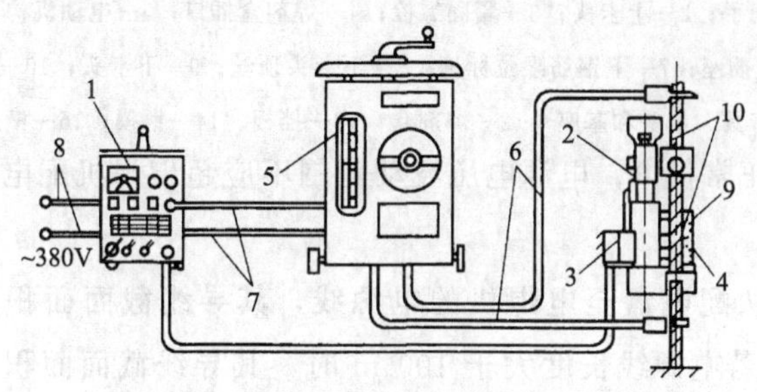

图 3-25　全自动钢筋竖向电渣焊机示意

1—控制箱；2—焊接卡具；3—控制盒；4—焊剂盒；5—电焊机；6—焊钳电缆；7—控制箱输出电缆；8—电源电缆；9—焊剂；10—被焊钢筋

2. 焊机的配电设备和线路技术要求

（1）工地供电变压器的容量要大于 100 kV·A，若与塔式起重机等用电设备共用时，变压器的容量还要相应加大，以保证焊

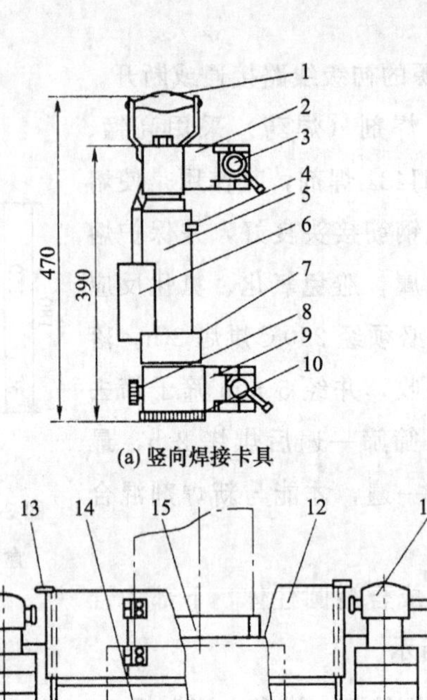

图 3-26　卡具结构示意

1—把手；2—上卡头；3—紧固螺栓；4—焊剂盒插口；5—电动机构；6—控制盒插座；7—下钢筋限位标记；8—下卡头顶丝；9—下卡头；10—端盖；11—横向卡具、卡头和基座；12—焊剂盒；13—挡板；14—铜模；15—横焊立管

机工作的正常供电，电源电压波动范围不应超出焊机配电的技术要求。

(2) 从配电盘至电焊机的电源线，其导线截面面积应大于 16 mm^2；若电源线长度大于 100 m 时，其导线截面面积应大于 20 mm^2，以避免线路压降过大。

(3) 焊钳电缆导线（焊把线）截面面积应大于 70 mm^2，电源线和焊钳电缆的接线头与导线连接要压实焊牢，并紧固在配电盘和电焊机的接线柱上。

(4) 配电盘上的空气保险开关和漏电保护开关的额定电流均应大于 150 A。

（5）交流 380 V 电源电缆和控制箱至卡具控制电缆的走线位置要选择好，防止工地上金属模板或其他重物砸坏电缆；若配电盘、电焊机和卡具相距较近时，电缆应拉开放置，不能盘成圆盘。

（6）电焊机和控制箱都要接地线，并接地良好。

3. 焊接机具使用要点

（1）焊接机具应由专人使用和管理。使用人员应有上岗证书，非专业人员不得擅自操作。

（2）机具必须经试运转，调整正常后，才可正式使用。

（3）机具的电源部分要妥善保护，防止因操作不慎使钢筋和电源接触；不允许两台焊机使用一个电源闸刀。

（4）焊机必须有接地装置，其入土深度应在冻土线以下，地线的电阻不应大于 4 Ω。操作前要检查接地状态是否正常。停止工作或检查、调整焊接变压级次时，应将电源切断。对焊机及点焊机工作地点宜铺设木地板。

（5）操作时要穿防护工作服，在闪光焊区应设铁皮挡板。

（6）大量焊接生产时，焊接变压器不得超负荷工作，变压器温度不要超过 60℃。

（7）焊接工作房应用防火材料搭建。冬季施工时，棚内要采暖以防止对焊机内冷却水冻结。

九、钢筋挤压连接机

1. 带肋钢筋套筒径向挤压连接机具

带肋钢筋套筒径向挤压连接工艺是采用挤压机将钢套筒挤压变形，使之紧密地咬住变形钢筋的横肋，实现两根钢筋的连接，如图 3-27 所示。它适用于任何直径变形钢筋的连接，包括同径和异径（当套筒两端外径和壁厚相同时，被连接钢筋的直径相差不应大于 5 mm）钢筋。适用于直径为 16～40 mm 的 HPB300、HRB400 级带肋钢筋的径向挤压连接。设备主要由挤压机、超高压泵站、平衡器、吊挂小车等组成，如图 3-28 所示。

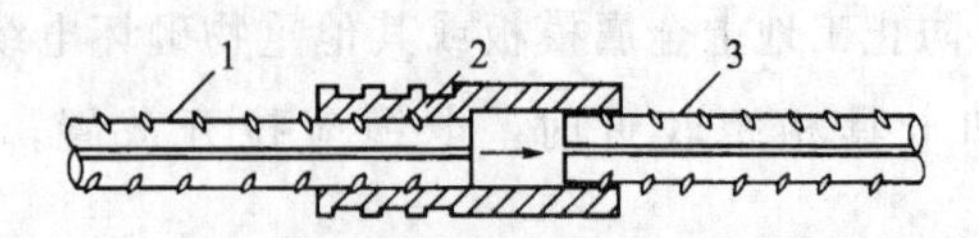

图 3-27　带肋钢筋套筒径向挤压连接

1—已挤压的钢筋；2—钢套筒；3—未挤压的钢筋

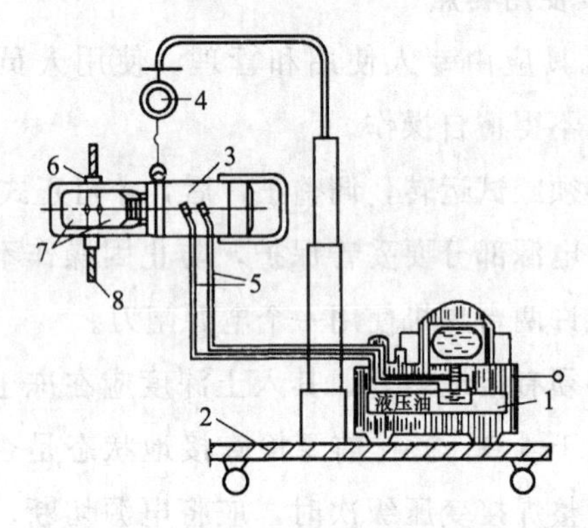

图 3-28　带肋钢筋径向挤压连接设备示意

1—超高压泵站；2—吊挂小车；3—挤压机；4—平衡器；
5—超高压软管；6—钢套筒；7—模具；8—钢筋

带肋钢筋套筒径向挤压连接机具的构造如下：

(1) 主要设备。

①YJ-32 型挤压机。

a. 可用于直径为 25～32 mm 变形钢筋的挤压连接。该机由于采用双作用油路和双作用油缸体，所以压接和回程速度较快。但机架宽度较小，只可用于挤压间距较小（但净距必须大于 60 mm）的钢筋。YJ-32 型挤压机构造如图 3-29 所示。

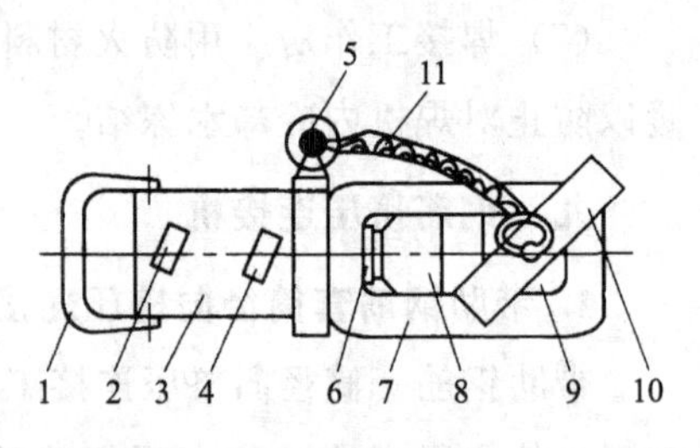

图 3-29　YJ-32 型挤压机构造示意

1—手把；2—进油口；3—缸体；
4—回油口；5—吊环；6—活塞；
7—机架；8、9—压模；
10—卡板；11—链条

b. 其主要技术性能如下：额定工作油压力 108 MPa；额定压力 650 kN；工作行程 50 mm；挤压一次循环时间不大于 10 s；外形尺寸 130 mm×160 mm（机架宽）×426 mm；自重约 28 kg。该机的动力源（超高压泵站）为二级定量轴向柱塞泵，输出油压为 31.38～122.8 MPa，连续可调。它设有中、高压两级自动转换装置，在中压范围内输出流量可达 2.86 dm^3/min，使挤压机在中压范围内进入返程有较快的速度。当进入高压或超高压范围内，中压泵自动卸荷，用超高压的压力来保证足够的压接力。

②YJ650 型挤压机。

a. 用于直径 32 mm 以下变形钢筋的挤压连接，其构造如图 3-30 所示。

b. 其主要技术性能如下：额定压力 650 kN；外形尺寸 144 mm×450 mm；自重 43 kg。

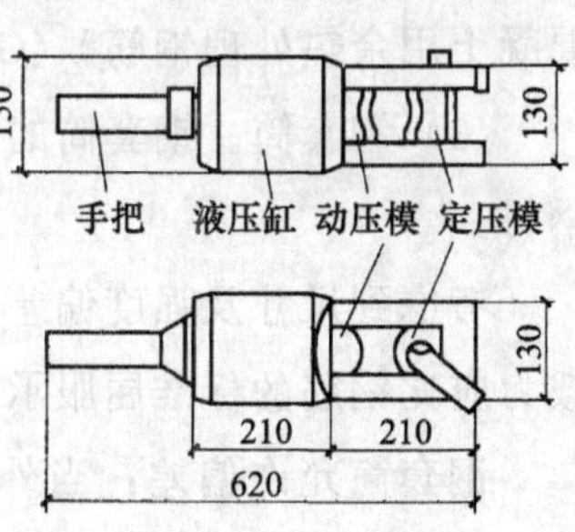

图 3-30　YJ650 型挤压机构造示意

c. 该机液压源可选用 ZB0.6/630 型油泵，额定油压 63 MPa。

③YJ800 型挤压机。

a. 用于直径 32 mm 以上变形钢筋的挤压连接。

b. 其主要技术性能如下：额定压力 800 kN；外形尺寸 170 mm×468 mm；自重 55 kg。

c. 该机液压源可选用 ZB4/500 高压油泵，额定油压为 50 MPa。

④YJH-20 型、YJH-32 型和 YJH-40 型径向挤压设备。

⑤平衡器。平衡器是一种辅助工具，它利用卷簧张紧力的变化进行平衡力调节。利用平衡器吊挂挤压机，将平衡重量调节到与挤压机重量一致或稍大时，使挤压机在任何位置均达到平衡，即操作人员手持挤压机处于不需承受重力状态，在被挤压的钢筋

接头附近的空间进行挤压施工作业，从而大大减轻了操作人员的劳动强度，提高挤压效率。

⑥吊挂小车。吊挂小车底盘下部有四个轮子，超高压泵放在车上，将挤压机和平衡器吊于挂钩下。这样，靠吊挂小车移动进行操作。

（2）钢筋。用于挤压连接的钢筋应符合国家标准《钢筋混凝土用钢第2部分：热轧带肋钢筋》（GB 1499.2—2018）及《钢筋混凝土用余热处理钢筋》（GB 13014—2013）的要求。

（3）钢套筒。钢套筒的材料宜选用强度适中、延性好的优质钢材。

考虑到尺寸及强度偏差，钢套筒的设计屈服承载力和极限承载力应比钢筋的标准屈服承载力和极限承载力大10%。

钢套筒允许偏差：当外径≤50 mm时，为±0.5 mm；外径＞50 mm时，为±0.01 mm；壁厚为＋12%、－10%；长度为±2 mm。

2. 带肋钢筋套筒轴向挤压连接机具

钢筋轴向挤压连接，是采用挤压机和压模对套筒和插入的两根对接钢筋，沿其轴线方向进行挤压，使套筒咬合到变形钢筋的肋间，结合成一体，如图3-31所示。与钢筋径向挤压连接相同，适用于同直径或相差一个型号直径的钢筋连接。

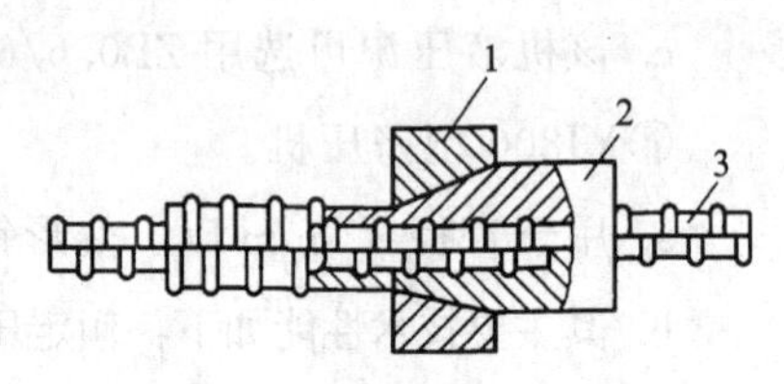

图3-31　钢筋轴向挤压连接

1—压模；2—套筒；3—钢筋

其适用材料及组成部件介绍如下。

（1）钢筋。与钢筋径向挤压连接相同。

（2）套筒。套筒材质应为符合现行标准的优质碳素结构钢。

（3）主要设备。其主要组成设备有挤压机、半挤压机、超高压泵站等。

①挤压机可用于全套筒钢筋接头的压接和少量半套筒钢筋接头的压接，如图 3-32 所示。

②半挤压机适用于半套筒钢筋接头的压接，如图 3-33 所示。

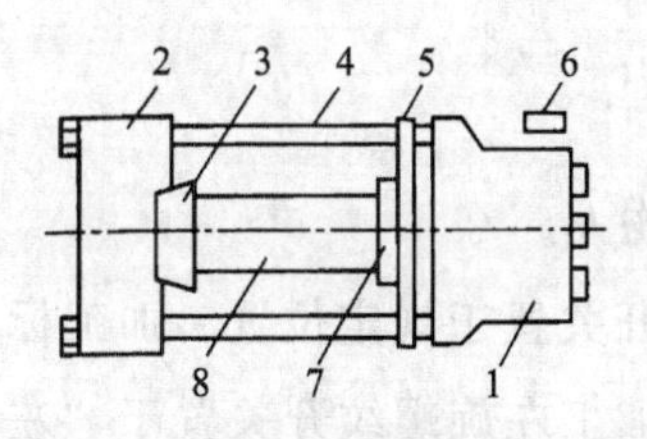

图 3-32　GT232 型挤压机示意

1—油缸；2—压模座；3—压模；
4—导向杆；5—撑力架；
6—管拉头；7—垫块座；8—套筒

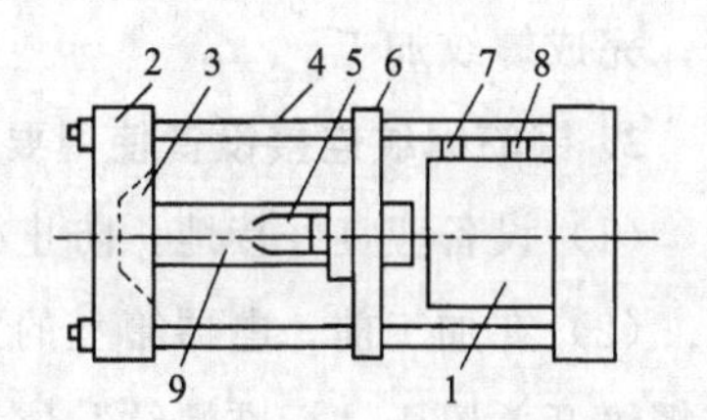

图 3-33　GT232 型半挤压机示意

1—油缸；2—压模座；3—压模；
4—导向杆；5—限位器；6—撑力架；
7、8—管接头；9—套筒

③超高压泵站为双泵双油路电控液压泵站。当三位四通换向阀左边接通时，油缸大腔进油，当压力达到 65 MPa 时，高压，继电器断电，换向阀回到中位；当换向阀右边接通时，油缸小腔进油，当压力达到 35 MPa 时，低压继电器断电，换向阀又回到中位。

④压模分半挤压机用压模和挤压机用压模。

十、直螺纹连接机

1. 直螺纹连接机的构造

剥肋滚压直螺纹成型机的结构如图 3-34 所示。

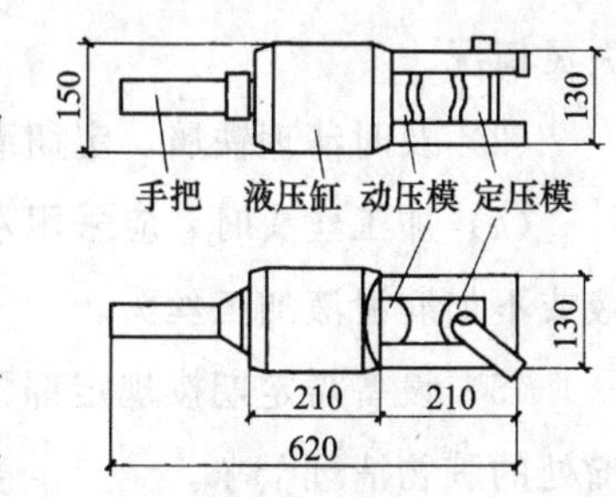

图 3-34　YJ650 型挤压机构示意（单位：mm）

2. 直螺纹连接机的工作原理

钢筋夹持在台钳上，扳动进给手柄，减速机向前移动，剥肋机构对钢筋进行剥肋，到调定长度后，通过涨刀触头使剥肋机构停止剥肋，减速机继续向前进给，涨刀触头缩回，滚丝头开始滚压螺纹，滚到设定长度时，行程挡块与行程开关接触断电，设备自动停机并延时反转，将钢筋退出滚丝头，扳动进给手柄后退，通过收刀触头收刀复位，减速机退到极限位置后停机，松开台钳、取出钢筋，完成螺纹加工。

3. 钢筋螺纹连接设备使用要点

（1）设备应良好接地，防止漏电伤人。

（2）在加工前，电器箱上的正反开关置于规定位置。加工标准螺纹开关置于“标准螺纹”位置，加工左旋螺纹开关置于“左旋螺纹”位置。对剥肋滚压直螺纹成型机在加工左旋螺纹时，应更换左旋滚丝头及左剥肋机构。

（3）钢筋端头弯曲时，应调直或切去后才能加工，严禁用气割下料。

（4）出现紧急情况应立即停机，检查并排除故障后再使用。

（5）设备工作时不得检修、调整和加油。

（6）整机应设有防雨棚，防止雨水从箱体进入水箱。

（7）停止加工后，应关闭所有电源开关，并切断电源。

4. 钢筋螺纹连接设备维护要点

（1）开机前和停机后，擦洗设备，保持设备清洁。

（2）开机前，检查行程开关等各部件是否灵活、可靠，有无失灵情况。

（3）及时清理铁屑，定期清理水箱。

（4）加工丝头时，应采用水溶性切削液，不得用机油作润滑液或不加润滑液加工丝头。

（5）设备需定期按规定部位加油润滑，加油前应将油口、油嘴处的脏物清理干净。

5. 安全使用注意事项

（1）操作前应认真检查各部位安全装置是否良好，配电箱和电源线是否安全可靠，经检查确定无问题方可开机操作。

（2）操作人员必须经过技术培训，认真按照技术交底作业，未经项目领导批准，不得随意调换操作人员。

（3）套丝机械设备应在平整场地固定，并设防雨棚和接油装置。

（4）操作人员要思想集中，两人同机操作时应配合默契，后面的人听从前面人的指挥，出现机械故障时及时停机检修。

（5）工作完毕后整机清洁，把铁屑等杂物清扫干净，拉闸、断电、上锁方可离开。

十一、预应力钢筋加工机械

1. 工作性质及原理

（1）预应力钢筋张拉设备是使预应力混凝土结构里的钢筋产生预应力，并使其保持预应力的设备，分手动、电动和液压传动张拉机等。液压张拉机拉力大、重量轻，使用灵活方便。按钢筋张拉工艺有先张法和后张法两种。先张法用的夹具可以重复使用；后张法用的锚具将成为构件的一部分，不能取下再用。

（2）施工现场常采用不同的夹具来锚固各种钢筋，圆锥形夹具用于锚固直径 12～16 mm 的钢筋；镦头梳筋板夹具适用于板类构件中张拉低碳冷拔钢丝；波形夹具可成批张拉和锚固钢丝；螺杆锥形夹具则用于钢筋束的后张自锚。

（3）作业时，钢筋的一端锚固，另一端由张拉机通过夹具把钢筋夹紧张拉。穿心式张拉机作业时将钢筋穿入，打开前油嘴，由液压泵把高压油送入后油嘴，使张拉缸后退，利用尾部锚具将钢筋锚固并张拉。张拉到所需应力值后，关闭后油嘴。前油嘴进油，活塞向前推出，顶压锚塞，使钢筋锚固。回程时，活塞靠弹簧复位，完成张拉。

2. 设备类型

（1）机具类。包括穿心式千斤顶、前卡式千斤顶、台座式千斤顶、电动油泵、高压泵站、真空泵、搅拌机、制管机、挤压机、钢丝墩头器、灰浆泵等。

（2）锚具类。包括扁锚、挤压P形锚具、单孔工具锚、金属波纹管、钢质锥形锚具、墩头锚等。

（3）连接器类。包括YMIJ15（13）系列连接器、精轧螺纹钢连接器、线线连接器、线杆连接器、YGL25（32）系列连接器等。

3. 施工方法

（1）先张法。先张法是在浇筑混凝土之前张拉钢筋（钢丝）产生预应力。一般用于预制梁、板等构件。

①先张法工艺流程如图3-35所示。

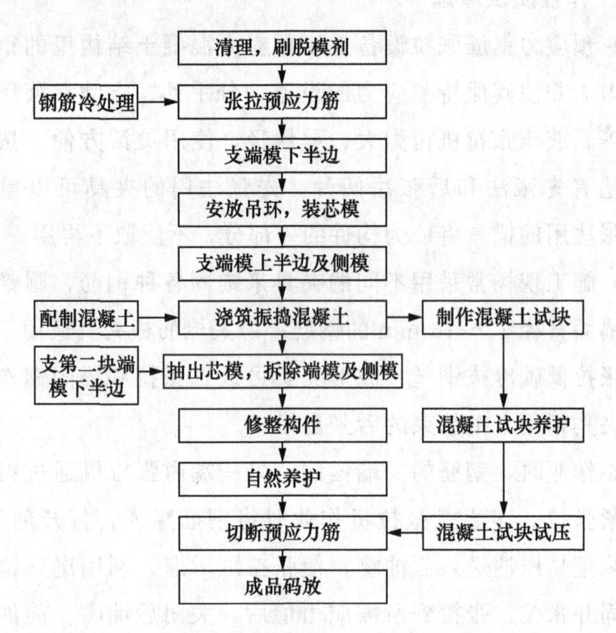

图3-35 先张法工艺流程

②先张法预应力张拉程序见表3-7。

表 3-7　先张法预应力张拉程序

预应力钢筋种类	张拉程序
钢筋	0→初应力→1.05 σ_{con}（持荷 2 min）→0.9 σ_{con}→σ_{con}（锚固）
钢丝、钢绞线	对于夹片式等具有自锚性的锚具：普通松弛力筋：0→初应力→1.03 σ_{con}（锚固）；低松弛力筋：0→初应力→σ_{con}（持荷 2 min 锚固）

注：1. 表中 σ_{con} 为张拉时的控制应力，包括预应力损失值；
2. 张拉钢筋时，为保证施工安全，应在超张拉放张至 0.96 σ_{con} 时安装模板，普通钢筋及预埋件等；
3. 张拉时，钢丝、钢绞线在同一构件内断丝数不得超过钢丝总数的 1%；预应力钢筋不容许断筋。

（2）后张法。后张法是在混凝土浇筑的过程中，预留孔道，待混凝土构件达到设计强度后，在孔道内穿主要受力钢筋，张拉锚固建立预应力，并在孔道内进行压力灌浆，用水泥浆包裹保护预应力钢筋。

①后张法工艺流程如图 3-36 所示。

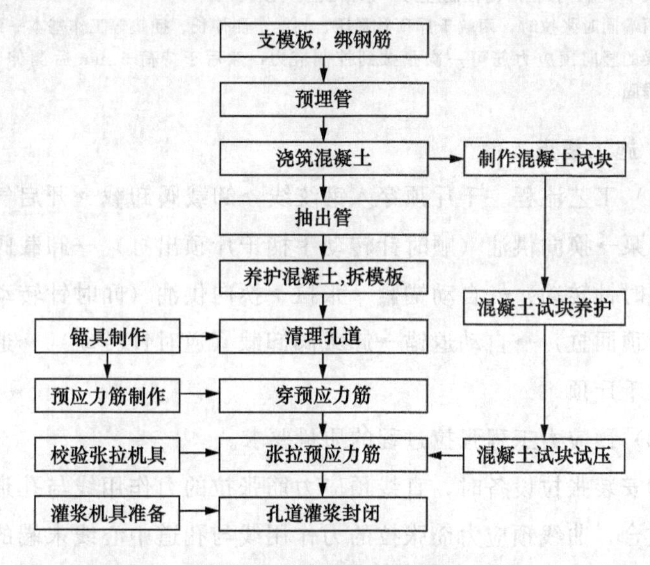

图 3-36　后张法工艺流程

②后张法预应力张拉程序见表 3-8。

表 3-8　后张法预应力张拉程序

预应力筋		张拉程序
钢筋、钢筋束		C0→初应力→1.05 σ_{con}（持荷 2 min）→σ_{con}（锚固）
钢绞线束	对于夹片式等具有自锚性能的锚具	普通松弛力筋：0→初应力→1.03 σ_{con}（锚固）；低松弛力筋：0→初应力 σ_{con}→（持荷 2 min 锚固）
	其他锚具	0→初应力→1.05 σ_{con}（持荷 2 min）→σ_{con}（锚固）
钢丝束	对于夹片式等具有自锚性能的锚具	普通松弛力筋：0→初应力→1.03 σ_{con}（锚固）；低松弛力筋：0→初应力 σ_{con}→（持荷 2 min 锚固）
	其他锚具	0→初应力→1.05 σ_{con}（持荷 2 min）→0→σ_{con}（锚固）
精轧螺纹钢筋	直线配筋时	0→初应力→σ_{con}（持荷 2 min 锚固）
	曲线配筋时	0→σ_{con}（持荷 2 min）→0（上述程序可反复几次）→初应力→σ_{con}（持荷 2 min 锚固）

注：1. 表中 σ_{con} 为张拉时的控制应力，包括预应力损失值；
2. 两端同时张拉时，两端千斤顶升降压、划线、测伸长、插垫等工作基本一致；
3. 梁的竖向预应力筋可一次张拉到控制应力，然后于持荷 5 min 后测伸长和锚固。

4. 施工要点

（1）工艺流程。千斤顶穿入钢纹线→卸载阀卸载→开启气阀启动油泵→换向供油（顺时针转动手柄千斤顶出缸）→卸载阀升压（顺时针转动）→自动锚紧→张拉→换向供油（闻时针转动手柄千斤顶回缸）→自动退锚→卸载阀卸载（逆时针转动）→退出预应力千斤顶

（2）预应力工程张拉过程的质量要求。

①安装张拉设备时，直线预应力筋张拉的力作用线与孔道中心线重合，曲线预应力筋张拉的力作用线与孔道中心线末端的切线重合。

②根据预应力张拉设备检验标定书上的数值，在相应力值范

围内用插入法计算各级荷载下的压力表读数值（即 $10\%\sigma_{con}$、$100\%\sigma_{con}$、$105\%\sigma_{con}$时），张拉操作过程要匀速施加荷载。

③填写张拉设备施加预应力的记录，做到记录内容及原始数据完整、真实、可靠。

④采用应力控制方法张拉时，要校验预应力钢筋的伸长值。

⑤当用先张法同时张拉多根预应力筋时，应先调整初应力，使其应力一致，然后通过钢横梁整体张拉至规定值。

⑥用后张法张拉长度 5～24 m 的直线预应力筋，可在一端张拉。

⑦对曲线预应力筋和长度大于 24 m 的直线预应力筋的张拉分两种情况：一个成形孔道时采用两台同型号的千斤顶张拉设备进行单向对称张拉；两个成形孔道时，配用四台同型号的预应力千斤顶设备双向对称张拉，避免结构裂缝开展与变形。

⑧多根预应力筋可分批张拉，采用同一张拉值逐根复位补足，保证预应力筋的张拉控制应力值。

⑨为保证张拉过程的质量，应对从事预应力工程施工人员进行岗位操作技能培训，做到持证上岗；对预应力张拉设备在使用过程中的操作和检查情况做出记录，并予以保存。

5. 预应力张拉设备的定期检修

(1) 质量控制要求。

①根据预应力施工需要，选定的预应力张拉设备应进行检定校验，标定预应力张拉值与压力表之间的相关关系。

②检定校验单位应具有相应资质，检验时间应在工程施工之前，校验期限不宜超过半年。

③张拉设备校验要选用检定合格的压力表。检验时，千斤顶活塞的运行方向与实际张拉工作状态一致。

④建立预应力张拉设备的台账，新添置的张拉设备及时登记在册，以便进行质量跟踪。

⑤做好并保存预应力张拉设备的检定记录。包括千斤顶型号、编号、使用地点、检定日期、结果、环境条件、责任人员等。

(2) 张拉锚具的质量验证。锚具进货后，应对供应厂家提交的张拉锚具检验报告进行审核确认，进行材料验收。检查外观、尺寸和硬度，并抽取3个预应力筋锚具组装件，送测试中心进行静载锚固试验，测定预应力筋用夹片效率系数应符合锚固性能要求。

(3) 预应力千斤顶的维修。为了保证持续施工的要求，应注意预应力张拉设备必要的维修和保养，随时掌握千斤顶的使用状况，检查工作性能，必要时更换油封等易损件。对在用的预应力张拉设备配备有效使用周期的标志。准确度不符合要求或有故障时要及时修理，出示停用标志。

6. 安全操作要点

(1) 总体要求。

①必须经过专业培训，掌握预应力张拉的安全技术知识并经考核合格后方可上岗。

②必须按照检测机构检验编号的配套组使用张拉机具。

③张拉作业区域应设明显警示牌，非作业人员不得进入作业区。

④张拉时必须服从统一指挥，严格按照技术交底要求读表。油压不得超过技术交底规定值。发现油压异常等情况时，必须立即停机。

⑤高压油泵操作人员应戴护目镜。

⑥作业前应检查高压油泵与千斤顶之间的连接件，连接件必须完好、紧固，确认安全后方可作业。

⑦施加荷载时，严禁敲击、调整施力装置。

(2) 先张法。

①张拉台座两端必须设置防护墙，沿台座外侧纵向每隔

2～3 m 设一个防护架。张拉时，台座两端严禁有人，任何人不得进入张拉区域。

②油泵必须放在台座的侧面，操作人员必须站在油泵的侧面。

③打紧夹具时，作业人员应站在横梁的上面或侧面，击打夹具中心。

(3) 后张法。

①作业前必须在张拉端设置 5 cm 厚的防护木板。

②操作千斤顶和测量伸长值的人员应站在千斤顶侧面操作，千斤顶顶力作用线方向不得有人。

③张拉时千斤顶行程不得超过技术交底的规定值。

④两端或分段张拉时，作业人员应明确联络信号，协调配合。

⑤高处张拉时，作业人员应在牢固、有防护栏的平台上作业，上下平台必须走安全梯或马道。

⑥张拉完成后，应及时灌浆、封锚。

⑦孔道灌浆作业，喷嘴插入孔道后，喷嘴后面的胶皮垫圈必须紧压在孔口上，胶皮管与灰浆泵必须连接牢固。

⑧堵灌浆孔时，应站在孔的侧面。

第三节 木工机械

一、锯割机械

1. 带锯机

带锯机主要是用来对木材进行直线纵向锯割的设备，它是一种可以把原木锯割成材的木工机械。带锯机按用途不同可分为原木带锯机、再割带锯机和细木带锯机三种。按其组成不同又可分为台式带锯机、跑车带锯机和细木带锯机，由于锯割木材的大小和用途不同，所以带锯机还有大、中、小之分。带锯机的大小依照锯齿轮的直径规格及送料系统的情况而定。

2. 圆锯机

圆锯机主要用于纵向及横向锯割木材。

（1）圆锯机的构造。MJ109 型手动进料圆锯机，由机架台面、锯片、锯比子（导板）、电动机、防护罩等组成。

（2）圆锯片。圆锯机所用的圆锯片有普通平面圆锯片和刨锯片两种，普通平面圆锯机的两面都是平直的，锯齿经过拨料，用来纵向锯割和横向截断木料，是广泛采用的一种锯片。刨锯片是从锯齿中心部位逐渐变薄，不用拨料，锯条表面有凸棱，对锯割面兼有刨光作用。

圆锯片齿形与被锯割木料的硬度、进料速度等有关，应按使用要求选用。一般圆锯片齿形分纵割齿和横割齿两种。

（3）圆锯片的齿形与拨料。锯齿的拨料是将相邻各齿的上部互相向左右拨弯，如图 3-37 所示。

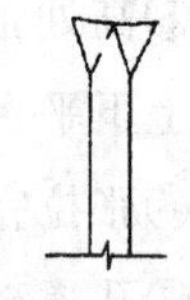

图 3-37 锯齿的拨料

圆锯片锯齿形状与锯割木材的软硬、进料速度、光洁度及纵割或横割等有密切关系。

（4）圆锯机拨料的基本要求。

①所有锯齿的每边拨料量都应相等。

②锯齿的弯折处不可在齿的根部，而应在齿高的一半以上处，厚锯约为齿高的 1/3，薄锯为齿高的 1/4。弯折线应向锯齿的前面稍微倾斜，所有锯齿的弯折线到锯齿尖的距离都应当相等。

③拨料大小应与工作条件相适应，每一边的拨料量一般为 0.2～0.8 mm，相当于锯片厚度的 1.4～1.9 倍，最大不应超过 2 倍。软料湿材取较大值，硬材与干材取较小值。

④锯齿拨料一般采用机械和手工两种方法，目前多以手工拨料为主，即用拨料器或锤打的方法进行。

（5）圆锯机的操作。

①圆锯机操作前，应先检查锯片是否安装牢固，以及锯片是否有裂纹，并装好防护罩及保险装置。

②安装锯片时应使其与主轴同心，片内孔与轴的空隙不应大于0.15～0.2 mm，否则会产生离心惯性力，使锯片在旋转中摆动。

③法兰盘的夹紧面必须平整，要严格垂直于主轴的旋转中心，同时保持锯片安装牢固。

④如锯旧料时，必须检查被锯割木材内部是否有钉子，或表面是否有水泥渣，以防损伤锯齿，甚至发生伤人事故。

⑤操作时应站在锯片稍左的位置，不应与锯片站在同一直线上，以防木料弹出伤人。

⑥送料不要用力过猛、过快，木材相对台面要端平，不要摆动或抬高、压低。

⑦锯剖木节处要放慢速度，并应注意防止木节弹出伤人。

⑧纵向剖长料时，要两人配合，上手将木料沿着导板不偏斜地均匀送进。当木料端头露出锯片后，下手用拉钩抓住，均匀地拉过，待木料拉出锯台后方可用手接住。锯剖短木料时必须用推杆送料，不得一根接一根地送料，以防锯齿伤手。

⑨为了避免锯剖时锯片因摩擦发热产生变形，锯片两侧要装冷水管。

二、刨削机械

1. 平刨机

（1）平刨机的构造。手压刨又称平刨，由机座、台面（工作台）、刀轴、刨刀、导板、电动机等组成。

①机座。机座台面用铸铁制成。

②工作台。工作台可分为前工作台和后工作台，台面光滑平直，台面下部两边有角形轨道，与机座角槽配合在一起。台面底

部前后两端装设手轮，通过手轮转动丝杠，使台面沿着轨道上升下降，用来调节刨刀露出台面的高低。在刨削时，后台面应与刨刀刃的高度一致，前台面低于后台面的高度就是刨层的厚度，这样可提高加工构件的精度。

③刀轴。机座顶部两侧装设轴承座，刀轴装在轴承内。刀轴的中部开有两个键槽，键槽内装配刨刀两片。当装在机座底部的电动机开动时，通过刀轴末端的 V 带轮，带动刀轴运转即可刨削。

④导板。台面上装有活动导板，可根据刨削构件的角度要求来调整导板的立面角度。

⑤刨刀。刨刀有两种：一是有孔槽的厚刨刀；一是无孔槽的薄刨刀。厚刨刀用于方刀轴及带弓形盖的圆刀轴；薄刨刀用于带楔形压条的圆刀轴。常用刨刀尺寸是长度 200～600 mm，厚刨刀厚度 7～9 mm，薄刨刀厚度 3～4 mm。

（2）平刨机的操作。

①刨刀变钝一般使用砂轮磨刀机修磨。刨刀磨修要求达到刨削锋利、角度正确、刃口成直线等。刃口角度：刨软木为 35°～37°，刨硬木为 37°～40°。斜度允许误差为 0.02%。

②修磨时在刨刀的全长上，压力应均匀一致，不宜过重，每次行程磨去的厚度不宜超过 0.015 mm，刃口形成时适当减慢速度。磨修时要防止刨刀过热退火，无冷却装置的应用冷水浇注退热。操作人员应站在砂轮旋转方向的侧边，防止砂轮破碎飞出伤人。

③为保证刨削木料的质量，需要精确地调整刀刃装置，使各刀刃离转动中心的距离一致。刀刃的位置，一般用平直的木条来检验，将刨刀装在刀轴上后，用木条的纵向放在后台面上伸出刨口，木条端头与刀轴的垂直中心线相交，然后转动刀轴，沿刨刀全长取两头及中间做三点检验，看其伸出量是否一致。

（3）平刨机的注意事项。

①操作前必须检查安全保护装置，并在试运转达到要求后再进行加工操作。

②操作前要进行工作台的调整，前台要比后台略低，高度差即为刨削厚度，一般控制在 1～2.5 mm 之间，一般经 1～2 次即可刨平刨直。

③刨削前，应对待加工材料进行检查，以确定正确加工方案，板厚在 30 mm 以下，长度不足 300 mm 的短料，禁止在手压刨上进行刨削，以防发生伤手事故。

④单人操作时，人要站在工作台的左侧中间，左脚在前，右脚在后，左手按住木料，右手均匀地推送，如图 3-38 所示。当右手离刨 15 cm 时，即应脱离料面，靠左手推送。

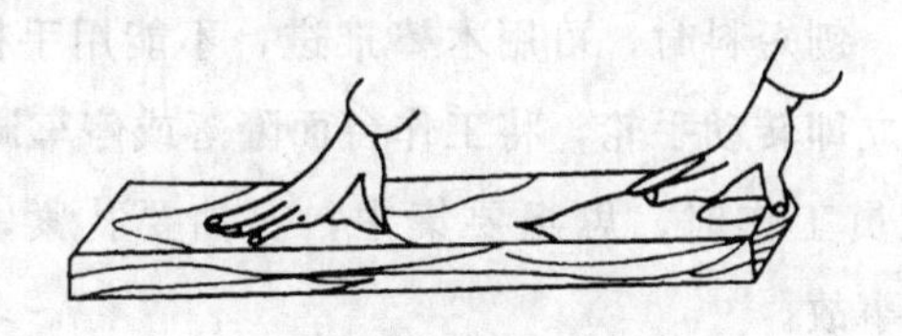

图 3-38　刨料手势

⑤无论何种材质的刨料，都应顺茬刨削，遇有戗茬、节疤、纹理不直、坚硬等材料时，要降低刨削的进料速度。一般进料速度控制在 4～15 m/min，刨时先刨大面，后刨小面。

⑥刨削较短、较薄的木料时，应用推棍、推板推送，如图 3-39 所示。长度不足 400 mm 或薄且窄的小料，不要在平刨上刨削，以免发生伤手事故。

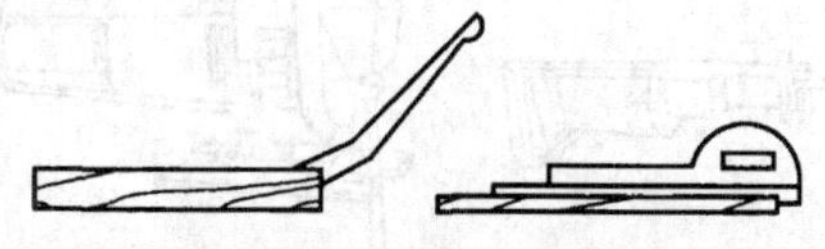

图 3-39　推棍与推板

⑦两人同时操作时，要互相配合，木料过刨刃 300 mm 后，下手方可接拉。

⑧同时刨削几个工件时，厚度应基本相等。以防薄的构件被刨刀弹回伤人。应尽量避免同时刨削多个工件。

2. 自动压刨机

（1）自动压刨机的构造。自动压刨机由机身、工作台、刀轴、刨刀滚筒、升降系统、防护罩、电动机等组合而成。常用有 MB103 和 MB1065 两种。

（2）自动压刨机的操作。

①操作前应检查安全装置，调试正常后再进行操作。

②应按照加工木料的要求尺寸仔细调整机床刻度尺，每次吃刀深度应不超过 2 mm。

③自动压刨机由两人操作。一人进料，一人按料，人站在机床左、右侧或稍后为宜。刨长的构件时，二人应协调一致，平直推进顺直拉送。刨短料时，可用木棒推进，不能用手推动。如发现横走时，应立即转动手轮，将工作台面降落或停车调整。

④操作人员工作时，思想要集中，衣袖要扎紧，不得戴手套，以免发生事故。

三、轻便机具

1. 锯

（1）曲线锯。曲线锯又称反复锯，分水平和垂直曲线锯两种，如图 3-40 所示。

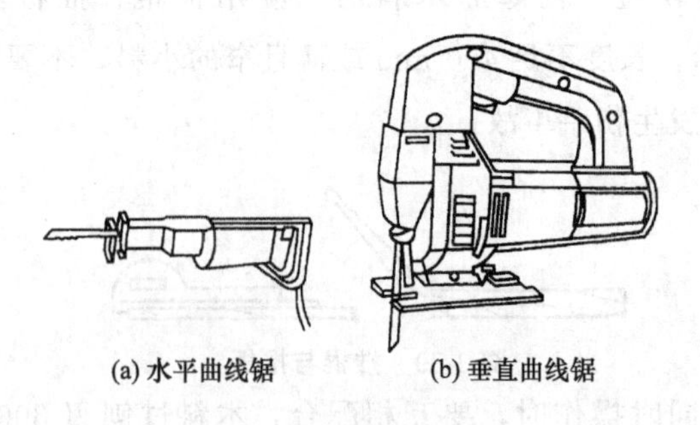

(a) 水平曲线锯　　(b) 垂直曲线锯

图 3-40　电动曲线锯

对不同材料，应选用不同的锯条，中、粗齿锯条适用于锯割木材；中齿锯条适用于锯割有色金属板、压层板；细齿锯条适用于锯割钢板。

曲线锯可以作中心切割（如开孔）、直线切割、圆形或弧形切割。为了切割准确，要始终保持和体底面与工件成直角。

操作中不能强制推动锯条前进，不要弯折锯片，使用中不要覆盖排气孔，不要在开动中更换零件、润滑或调节速度等。操作时人体与锯条要保持一定的距离，运动部件未完全停下时不要把机体放倒。

对曲线锯要注意经常维护保养，要使用与金属铭牌上相同的电压。

（2）圆锯。手提式电动圆锯如图 3-41 所示。

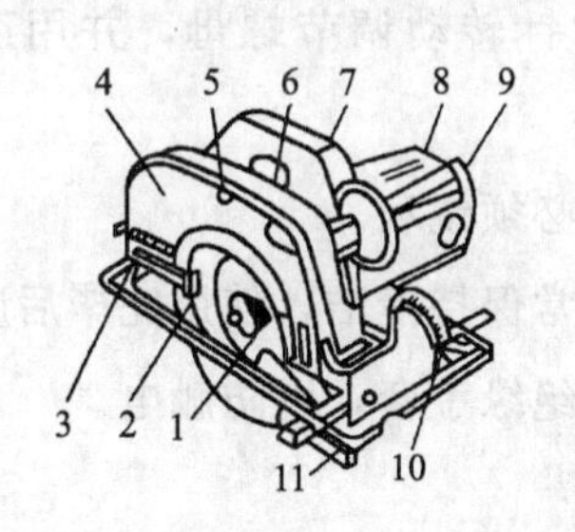

图 3-41　手提式木工电动圆锯

1—锯片；2—安全护罩；3—底架；4—上罩壳；5—锯切保度调整装置；6—开关；7—接线盒手辆；8—电机罩壳；9—操作手柄；10—锅切角度调整装置；11—靠山

手提式电锯的锯片有圆形的钢锯片和砂轮锯片两种。钢锯片多用于锯割木材，砂轮锯片用于锯割铝、铝合金、钢铁等。

操作中要注意的事项同曲线锯。

2. 手电刨

手提式木工电动刨如图 3-42 所示。手电刨多用于木装修，专门刨削木材表面。

（1）两刨刀必须同时装上并且位置准确，刃口必须与底板成

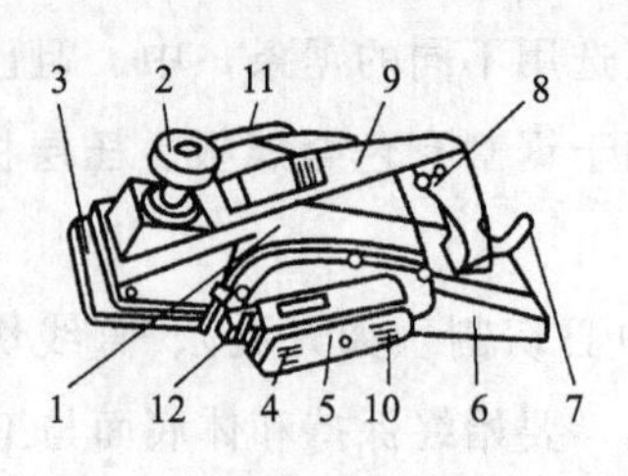

图 3-42 手提式木工电动刨

1—罩壳；2—调节螺母；3—前座板；4—主轴；5—皮带罩壳；
6—后座板；7—接线头；8—开关；9—手柄；
10—电机轴；11—木屑出口；12—碳刷

同一平面，伸出高度一致。

(2) 刨削毛糙的表面，顺时针转动机头调节螺母，先取用较大的刨削深度，并用较慢的推进速度。刨出平整面后，再用较小的刨削深度，即逆时针转动调节螺母，并用适当的速度均匀地刨削。

(3) 刨刀的刀刃必须锐利。

(4) 电刨必须经常保持清洁，使用完毕后应进行清理。

(5) 使用时要戴绝缘手套，以防触电。

3. 电钻

手提式电钻基本上分为两种，一种是微型电钻；另一种是电动冲击钻，如图 3-43 和图 3-44 所示。

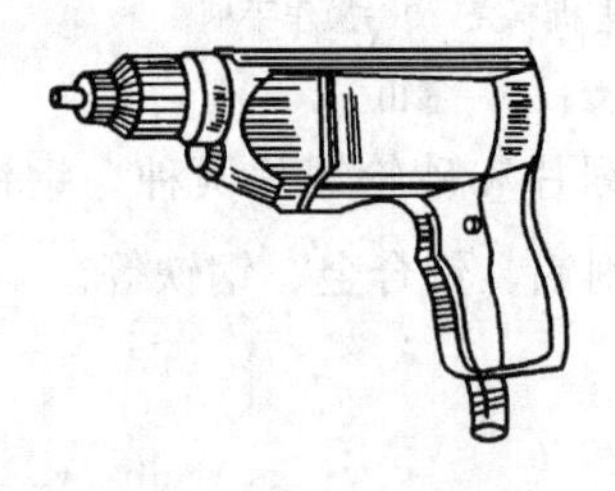

图 3-43 微型电钻

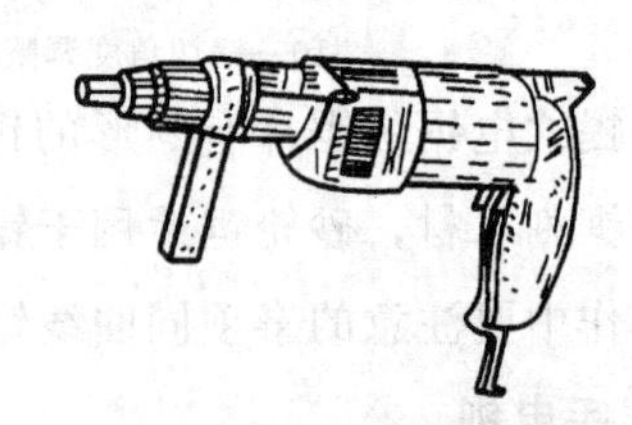

图 3-44 电动冲击钻

手提式电钻是开孔、钻孔、固定的理想工具。微型电钻适用于金属、塑料、木材等钻孔，电钻型号不同，钻孔的最大直径为

13 mm。

电动冲击钻适用于金属、塑料、木材、混凝土、砖墙等钻孔，最大直径可达 22 mm。

电动冲击钻是可以调节并旋转带冲击的特种电钻。当把旋钮调到旋转位置，装上钻头，像普通电钻一样，可以对部件进行钻孔。如果把旋钮调到冲击位置，装上合金冲击钻头，可以对混凝土砖墙进行钻孔。

操作时先接上电源，双手端正机体，将钻头对准钻孔中心，打开开关，双手加压，以增加钻入速度。操作时要戴好绝缘手套，防止电钻漏电发生触电事故。

4. 电动砂光机

电动砂光机的主要作用是将工件表面磨光，其构造如图 3-45 所示。

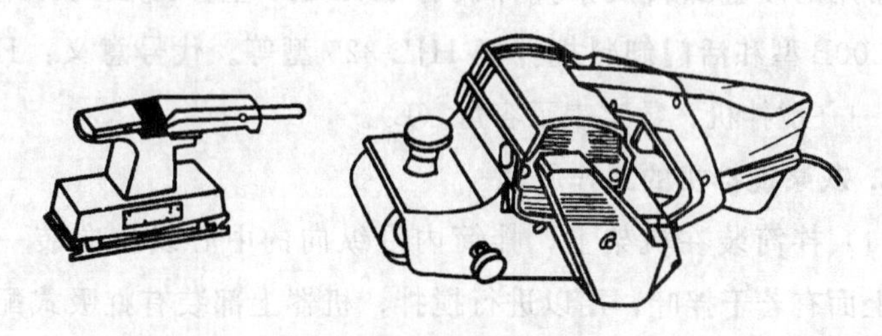

图 3-45　砂光机

操作时，拿起砂光机离开工件并启动电机，当电机达到最大转速时，以稍微向前的动作把砂光机放在工件上，先让主动滚轴接触工件，向前一动后，就让平板部分充分接触工件。砂光机平行于木材的纹理来回移动，前后轨迹稍微搭接。不要给机具施加压力或停留在一个地方，以免造成凹凸不平。

为达到木制品表面磨光要求，可用粗砂先做快磨，用细砂磨最后一遍。安装和调换砂带时，一定要切断电源。

第四节 装修机械

一、灰浆搅拌机

1. 灰浆搅拌机的类型

灰浆搅拌机按卸料方式的不同分两种：一种是使拌筒倾翻、筒口倾斜出料的倾翻卸料灰浆搅拌机；另一种是拌筒不动、打开拌筒底侧出料的活门卸料灰浆搅拌机。

目前，常使用的有 100 L、200 L 与 325 L（均为装料容量）规格的灰浆搅拌机。100 L 与 200 L 容量多数为倾翻卸料式，325 L 容量多数为活门卸料式。根据不同的需要，灰浆搅拌机还可制成固定式与移动式两种形式。

常用的倾翻卸料灰浆搅拌机有 HJL-200 型、HJL-200A 型、HJL-200B 型和活门卸料搅拌机 HJL-325 型等。代号意义：H—灰浆；J—搅拌机；数字表示容量（L）。

2. 灰浆搅拌机的工作原理

（1）拌筒装在机架上，拌筒内沿纵向的中心线方向装一根轴，上面有若干拌叶，用以进行搅拌；机器上部装有虹吸式配水箱，可自动供拌和用水；装料是由进料斗进行。

（2）装有拌叶的轴支承在拌筒两端的轴承中，并与减速箱输出轴相连接，由电动机经 V 形带驱动搅拌轴旋转进行拌和。

（3）卸料时，拉动卸料手柄可使出料活门开启，灰浆由此卸出，然后推压手柄便将活门关闭。

（4）进料斗的 4 L 降机构由制动带抱合轴、制动轮、卷扬筒、离合器等组成，并由手柄操纵。

（5）钢丝绳围绕在料斗边缘外侧，其两端分别卷绕在卷扬筒上。减速箱另一输出轴端安装主动链轮，传动被动链轮而旋转，被动链轮同时又是离合器鼓（其内部为内锥面）。

（6）装料时，推压料斗升降手柄，使常闭式制动器上的制动带松开，而制动带抱合轴与离合器的鼓接通使料斗上升。当放松手柄，制动轮被制动带抱合轴抱合停止转动，进料斗也停住不动进行装料。料斗下降时，只需轻提料斗升降手柄，制动带松开，料斗即下降。

3. 灰浆搅拌机的操作

（1）安装机械的地点应平整夯实，安装应平稳牢固。

（2）行走轮要离开地面，机座应高出地面一定距离，便于出料。

（3）开机前应对各种转动部位加注润滑剂，检查机械部件是否正常。

（4）开机前应检查电气设备绝缘和接地是否良好，皮带轮的齿轮必须有防护罩。

（5）开机后，先空载运输，待机械运转正常，再边加料边加水进行搅拌，所用砂子必须过筛。

（6）加料时工具不能碰撞拌叶，更不能在转动时把工具伸进斗里扒浆。

（7）工作后必须用水将机器清洗干净。

4. 灰浆搅拌机的故障排除

灰浆搅拌机发生故障时，必须停机检验，不准带故障工作，故障排除方法见表 3-9。

表 3-9 灰浆搅拌机故障排除方法

故障现象	原因	排除方法
拌叶和筒壁摩擦碰撞	拌叶和筒壁间隙过小 螺栓松动	调整间隙 紧固螺栓
刮不净灰浆	拌叶与筒壁间隙过大	调整间隙
主轴转数不够或不转	带松弛	调整电动机底座螺栓

（续表）

故障现象	原因	排除方法
传动不平稳	蜗轮蜗杆或齿轮啮合间隙过大或过小 传动键松动 轴承磨损	修换或调整中心距、垂直底与平行度 修换键 更换轴承
拌筒两侧轴孔漏浆	密封盘根不紧 密封盘根失效	压紧盘根 更换盘根
主轴承过热或有杂音	渗入砂粒 发生干磨	拆卸清洗并加满新油（脂） 补加润滑油（脂）
减速箱过热且有杂音	齿轮（或蜗轮）啮合不良 齿轮损坏 发生干磨	拆卸调整，必要时加垫或修换 修换 补加润滑油

二、单盘磨石机

1. 磨石机的构造

水磨石地面是在地面上浇注带小石子的水泥砂浆，待其凝固并具有一定的强度之后，使用磨石机将地面磨光制成的。

磨石机有单盘和双盘两种，如图3-46所示为单盘磨石机。

2. 磨石机的操作

（1）使用时，电动机经过齿轮减速后带动磨石转盘旋转，转盘的转速约300 r/min，在转盘底部装有3个磨石夹具，每个夹具夹有一块三角形的金刚砂磨石。转盘旋转时另有水管向地面喷水，保证磨石机在磨光过程中不致发热。这种磨石机每小时可磨地面3.5～4.5 m²。

（2）使用时，先检查开关、导线的情况，保证安全可靠；检查磨石是否装牢，最好在夹爪（或螺栓顶尖）和磨石之间垫以木楔，不要直接硬卡，以免在运动中发生松动；注意润滑各部销轴，磨石机一般每隔200～400工作小时进行一级保养。在一级

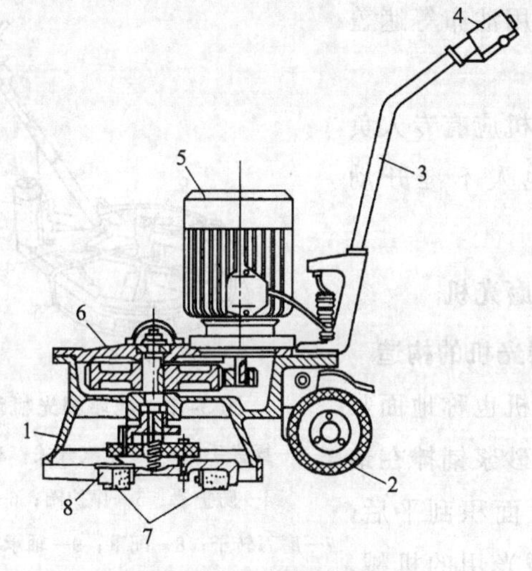

图 3-46 单盘磨石机示意

1—磨盘外罩；2—移动滚轮；3—操纵杆；4—电气开关；

5—电动机；6—变速箱；7—金刚砂磨石；8—磨石夹具

保养中，要拆检电动机、减速箱、磨石夹具以及行走机构和调节手轮等。拆检无误后须加注新的润滑油（脂），磨石装进夹具的深度不能小于 15 mm，减速箱的油封必须良好，否则应予以更换。

3. 磨石机的安全使用注意事项

（1）在磨石机工作前，应仔细检查其各机件的情况。

（2）导线、开关等应绝缘良好，熔断丝规格适当。

（3）导线应用绳子悬空吊起，不应放在地上，以免拖拉磨损，造成触电事故。

（4）在工作前，应进行试运转，待运转正常后，才能开始正式工作。

（5）操作人员工作时必须穿胶鞋、戴手套。

（6）检查或修理时必须停机，电器的检查与修理由电工进行。

（7）磨石机使用完毕，应清理干净，放置在干燥处，用方木

垫平放稳，并用油布等遮盖物加以覆盖。

（8）磨石机应有专人负责操作，其他人不准开动机器。

三、地坪磨光机

1. 地坪磨光机的构造

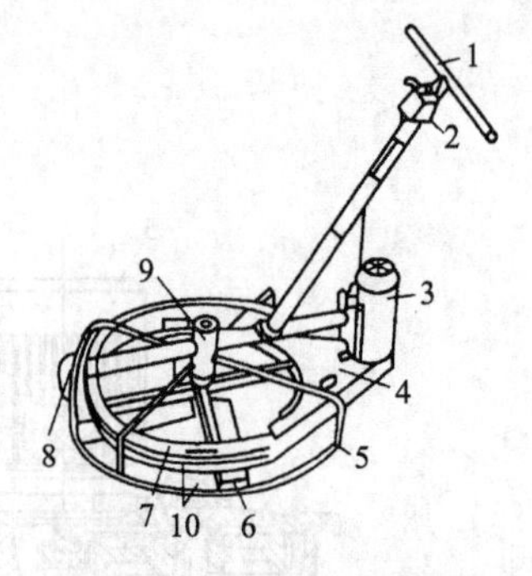

图 3-47 地坪磨光机示意

1—操纵手柄；2—电气开关；3—电动机；4—防护罩；5—保护圈；6—磨刀；7—磨刀转子；8—配重；9—轴承架；10—V 带

地坪磨光机也称地面收光机，是水泥砂浆铺摊在地面上、经过大面积刮平后，进行压平与磨光用的机械，如图 3-47 所示为该机的外形示意。它是由传动部分、磨刀及机架所组成。

2. 地坪磨光机的工作原理

使用时，电动机通过 V 带驱动磨刀转子，在转动的十字架底面上装有 2～4 片磨刀片，磨刀倾斜方向与转子旋转方向一致，磨刀的倾角与地面呈 10°～15°。

使用前，首先检查电动机旋转的方向是否正确。使用时，先握住操纵手柄，启动电动机，磨刀片随之旋转而进行水泥地面磨光工作。磨第一遍时，要求能起到磨平与出浆的作用，如有低凹不平处，应找补适量的砂浆，再磨第二遍、第三遍。

3. 地坪磨光机的操作

（1）磨光机使用前，应先仔细检查电器开关和导线的绝缘情况。因为施工场地水多，地面潮湿，导线最好用绳子悬挂起来，不要随着机械的移动在地面上拖拉，防止发生漏电，造成触电事故。

（2）使用前应对机械部分进行检查，检查磨刀以及工作装置是否安装牢固，螺栓、螺母等是否拧紧，传动件是否灵活有效，同时还应充分进行润滑。在工作前应先试运转，待转速达到正常时再放落到工作部位。工作中发现零件有松动或声音不正常时，必须立即停机检查，以防发生机械损坏和伤人事故。

(3) 机械长时间工作后，如发生电动机或传动部位过热现象，必须停机冷却后再工作。操作磨光机时，应穿胶鞋、戴绝缘手套，以防触电。每班工作结束后，要切断电源，并将磨光机放到干燥处，防止电动机受潮。

第五节　土石方机械

一、挖掘机

挖掘机是土石方工程机械化施工的主要机械，由于其挖土效率高、产量大，能在各种土壤（包括厚度 400 mm 以内的冻土）和破碎后的岩石中进行挖掘作业，如开挖路堑、基坑、沟槽和取土等；还可更换各种工作装置，进行破碎、填沟、打桩、夯土、除根、起重等多种作业，在建筑施工中得到广泛应用。

1. 挖掘机分类及特点

挖掘机的分类及其主要特点见表 3-10。

表 3-10　挖掘机的分类及特点

分类方法	基本类型	主要特点
按土斗数目	单斗挖掘机	循环式工作，挖掘时间占 15%～30%
	多斗挖掘机	连续式工作，对土壤和地形适应性较差，生产率最高
按构造特性	正铲挖掘机	土斗安装在坚固的斗柄上，斗齿朝外，主要开挖停机面以上的土壤
	反铲挖掘机	土斗安装在坚固的斗柄上，斗齿朝内，主要开挖停机面以下的土壤
	拉铲挖掘机	土斗用钢丝绳悬吊在臂杆上，主要用于挖泥沙
	抓铲挖掘机	土斗具有活瓣，用钢丝绳悬挂在臂杆上，主要开挖水中土壤及装卸散粒材料
	其他机型	主要有刨土机、起重机、拔根机、打桩机、刷坡机等

(续表)

分类方法	基本类型	主要特点
按操作动力	杠杆操作	操作紧张，生产率低
	液压操作	操作平稳，作业范围较广
	气动操作	操作灵敏、省力，主要用于制造装置
按行走装置	覆带式	大、中型挖掘机，行走方便，对土壤压力小
	轮胎式	多为小型挖掘机，灵活机动，但越野性能较差
	轨道式	只行驶于轨道上
	步行式	一般用于大型的索铲
按动力装置	柴油内燃机	机动性好
	电动机	要有电源，作业范围小
按铲斗容量	大容量（≥3 m³）	生产率高，用于大土方工程
	中容量（1～3 m³）	介于大型和小型机械之间
	小容量（<1 m³）	灵活机动，工作面小，生产率低
按通用情况	万能式（3 种以上的换装设备）	应用范围广，主要使用率高
	半通用式（2 或 3 种换装设备）	可用于正铲挖掘、反铲挖掘、起重等作业
	专用式（只一种工作设备）	专用作业的生产率较高

挖掘机的种类很多，单斗挖掘机是挖掘机械中使用最普遍的机械。

2. 单斗挖掘机分类

单斗挖掘机主要是一种土方机械。在建筑工程中，单斗挖掘机可挖掘基坑、沟槽，清理和平整场地，是建筑工程土方施工中很重要的机械与设备。单斗挖掘机在更换工作装置后还可以进行破碎、装卸、起重、打桩等作业任务。

(1) 按其工作装置分为正铲、反铲、拉铲、抓铲四种。正铲挖掘机的铲斗较装于斗杆端部，由动臂支持，其挖掘动作由下向上，斗齿尖轨迹常呈弧线．适于开挖停机面以上的土壤。

反铲挖掘机的铲斗也与斗杆较接，其挖掘动作通常由上向下，斗齿轨迹呈圆弧线，适于开挖停机面以下的土壤。反铲挖掘机的铲斗沿动臂下缘移动，动臂置于固定位置时，斗齿尖轨迹呈直线，因而可获得平直的挖掘表面，适于开挖斜坡、边沟或平整场地。

拉铲挖掘机的铲斗呈簸箕形，斗底前缘装斗齿。工作时，将铲斗向外抛掷于挖掘面上，铲斗齿借斗重切入土中，然后由牵引索拉拽铲斗挖土，挖满后由提升索将斗提起．转台转向卸土点，铲斗翻转卸土。拉铲挖掘机可挖停机面以下的土壤，还可进行水下挖掘。挖掘范围大，但挖掘精确度差。

抓铲挖掘机的铲斗由两个或多个颚瓣铰接而成，颚瓣张开，掷于挖掘面时，瓣的刃口切入土中，利用钢索或液压缸收拢颚瓣，挖抓土壤。松开颚瓣即可卸土。用于基坑或水下挖掘，挖掘深度大，也可用于装载颗粒物料。土方工程中常用的中小型挖掘机，其工作装置可以拆换，换装上不同铲斗，可进行不同作业，还可改装成起重机、打桩机、夯土机等，故称通用（多能）挖掘机。采掘或矿用挖掘机一般只配备一种工作装置，进行单一作业，故称专用挖掘机。

(2) 按其行走方式分为履带式和轮胎式两类。

(3) 按其传动方式分为机械传动和液压传动两种。液压传动单斗挖掘机是利用油泵、液压缸、液压马达等元件传递动力的挖掘机。油泵输出的压力油分别推动液压缸或液压马达工作，使机械各相应部分运转，常见的是反铲挖掘机。反铲作业时，动臂放下，作为支承，由斗杆液压缸或铲斗液压缸将铲斗放在停机面以

下并使之作弧线运动，进行挖掘和装土，然后提起动臂，利用回转马达转向卸土点，翻转铲斗卸土。整机行走采用左右液压马达驱动，马达正逆转配合，可以进、退或转弯。轮胎行走也有由发动机经变速箱、主传动轴和差速器传动的，但机构复杂。中小型机多采用双泵驱动，也有再添设一泵单独驱动回转机构的，可以节省功率。液压传动挖掘机的主要技术参数是铲斗容量，也有以机重或发动机功率为主要参数的。此种挖掘机结构紧凑、重量轻，常拥有品种较多的可换工作装置，以适应各种作业需要，操作轻便灵活，工作平稳可靠，故发展迅速，已成为挖掘机的主要品种。

3. 单斗挖掘机构造与工作原理

单斗挖掘机主要由工作装置、回转机构、回转平台、行走装置、动力装置、液压系统、电气系统和辅助系统等组成。工作装置是可更换的，可以根据作业对象和施工的要求进行选用。如图 3-48 所示为 EX200V 型单斗液压挖掘机构造简图。

工作装置是直接完成挖掘任务的装置。它由动臂、斗杆、铲斗三部分铰接而成。动臂起落、斗杆伸缩和铲斗转动都用往复式双作用液压缸控制。为了适应各种不同施工作业的需要，液压挖掘机可以配装多种工作装置，如挖掘、起重、装载、平整、夹钳、推土、冲击锤等多种作业机具。单斗挖掘机的动力装置有柴油内燃机驱动、电驱动（称电铲）、蒸汽机驱动和复合驱动等。其传动方式有机械传动和液压传动等。其行走装置有履带式、轮胎式、轨道式、步行式和浮式。转台可作 360°全回转或局部回转。建筑施工中常用的为柴油内燃机驱动、全回转、液压传动挖掘机。

回转与行走装置是液压挖掘机的机体，转台上部设有动力装置和传动系统。发动机是液压挖掘机的动力源，大多采用柴油，如果在方便的场地，也可改用电动机。

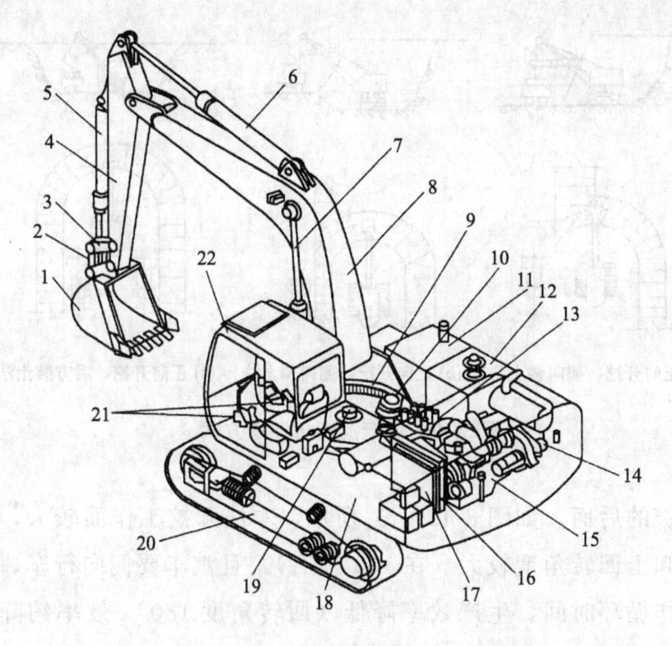

图 3-48 EX200V 型单斗液压挖掘机构造简图

1—铲斗；2—连杆；3—摇杆；4—斗杆；5—铲头油缸；6—斗杆油缸；
7—动臂油缸；8—动臂；9—回转支撑；10—回转驱动装置；11—燃油箱；
12—液压油箱；13—控制阀；14—液压泵；15—发动机；16—水箱；
17—液压油冷却器；18—平台；19—中央回转接头；20—行走装置；
21—操作系统；22—驾驶室

液压传动系统通过液压泵将发动机的动力传递给液压马达、液压缸等执行元件，推动工作装置动作，从而完成各种作业。

4. 单斗挖掘机操作方法

（1）正铲挖掘机。

①正向开挖、侧向装土法。正铲向前进方向挖土，汽车位于正铲的侧向装车，如图 3-49（a)、(b）所示。这种方法铲臂卸土回转角度最小（＜90°)，装车方便，循环时间短，生产效率高，用于开挖工作面较大但深度不大的边坡、基坑（槽)、沟渠和路堑等，为最常用的开挖方法。

②正向开挖、后方装土法。正铲向前进方向挖土，汽车停

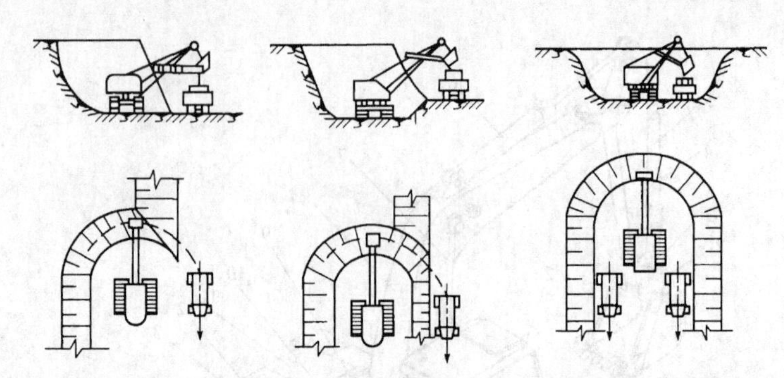

(a) 正向开挖、侧向装土法　(b) 正向开挖、侧向装土法　(c) 正向开挖、后方装土法

图 3-49　正铲挖掘机开挖方式

在正铲的后面，如图 3-49（c）所示。本法开挖工作面较大，但铲臂卸土回转角度较大（在 180°左右），且汽车要侧向行车，增加工作循环时间，生产效率降低（回转角度 180°，效率约降低 23%；回转角度 130°，效率约降低 13%）。这种方法用于开挖工作面较小且较深的基坑（槽）、管沟和路堑等。

正铲经济合理的挖土高度见表 3-11。

表 3-11　不同铲斗容量时正铲经济合理的挖土高度（m）

土的类别	铲斗容量/m^3			
	0.5	1.0	1.5	2.0
一、二	1.5	2.0	2.5	3.0
三	2.0	2.5	3.0	3.5
四	2.5	3.0	3.5	4.0

挖掘机挖土装车时，回转角度对生产率的影响数值见表 3-12。

表 3-12 不同回转角度下的生产率

土的类别	回转角度		
	90°	130°	180°
一～四	100%	87%	77%

③分层开挖法。分层开挖，可将开挖面按机械的合理高度分为多层开挖，如图 3-50（a）所示；当开挖面高度不能成为一次挖掘深度的整数倍时，则可在挖方的边缘或中部先开挖一条浅槽作为第一次挖土运输的线路，如图 3-50（b）所示，然后再逐次开挖直至基坑的底部。这种方法用于开挖大型基坑或沟渠，工作面高度大于机械挖掘的合理高度。

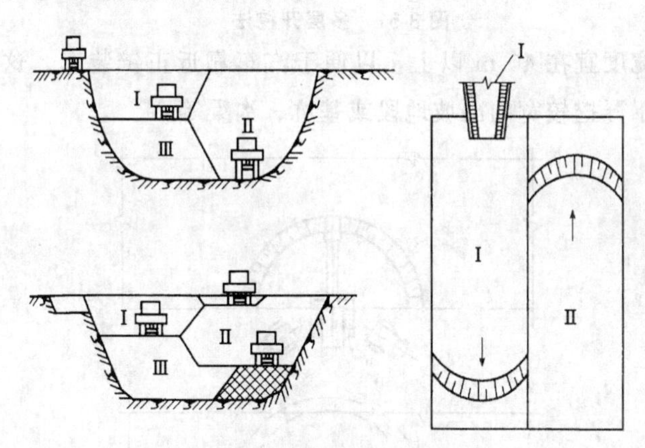

图 3-50 分层开挖法

1—下坑通道；Ⅰ、Ⅱ、Ⅲ—一、二、三层

④多层开挖法。将开挖面按机械的合理开挖高度分为多层同时开挖，以加快开挖速度，土方可以分层运出，亦可分层递送，至最小层（或下层）用汽车运出，如图 3-51 所示。这种方法适用于开挖高边坡或大型基坑。

⑤中心开挖法。正铲先在挖土区的中心开挖，当向前挖至回转角度超过 90°时，则转向两侧开挖，运土汽车按八字形停放装土，如图3-52 所示。本法开挖移位方便，回转角度小（<90°）。

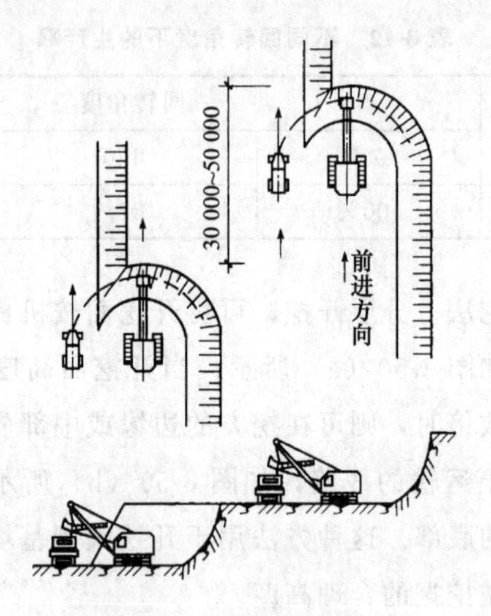

图 3-51 多层开挖法

挖土区宽度宜在 40 m 以上，以便于汽车靠近正铲装车。这种方法适用于开挖较宽的山坡地段或基坑、沟渠等。

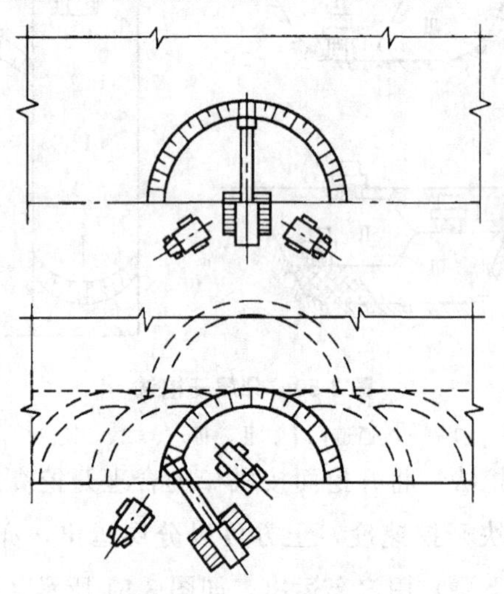

图 3-52 中心开挖法

（2）反铲挖掘机。

①多层接力开挖法。使两台或多台挖土机在不同作业高度上同时挖土，边挖土边将土传递到上层，由地表挖土机连挖土带装

土，如图 3-53 所示；上部可用大型反铲，中、下层用大型或小型反铲，进行挖土和装土，均衡连续作业。

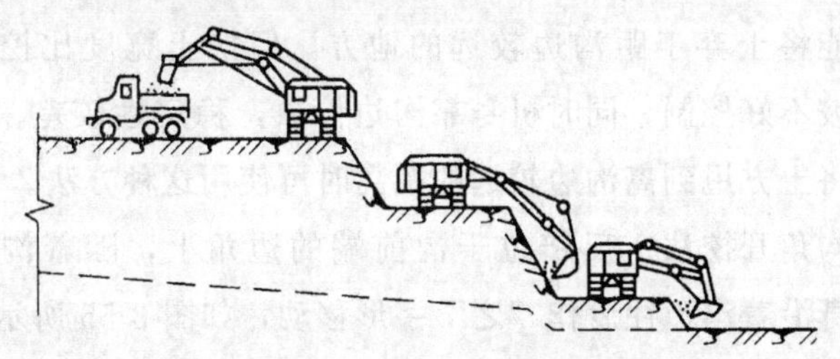

图 3-53 多层接力开挖法

一般两层挖土可挖深 10 m，三层可挖深 15 m 左右。这种方法开挖较深基坑，可一次开挖到设计标高，避免汽车在坑下装运作业，提高生产效率，且不必设专用垫道。这种方法适于开挖土质较好、深 10 m 以上的大型基坑、沟槽和渠道。

②沟端开挖法。反铲停于沟端，后退挖土，同时往沟一侧弃土或装汽车运走，如图 3-54（a）所示。挖掘宽度可不受机械最大挖掘半径的限制，臂杆回转半径仅 45°～90°，同时可挖到最大深度。对较宽的基坑可采用图 3-54（b）所示的方法，其最大一次挖掘宽度为反铲有效挖掘半径的两倍，但汽车须停在机身后面装土，生产效率降低。也可采用几次沟端开挖法完成作业。这种方法适于一次成沟后退挖土，挖出土方随即运走时采用，或就地取土填筑路基或修筑堤坝等。

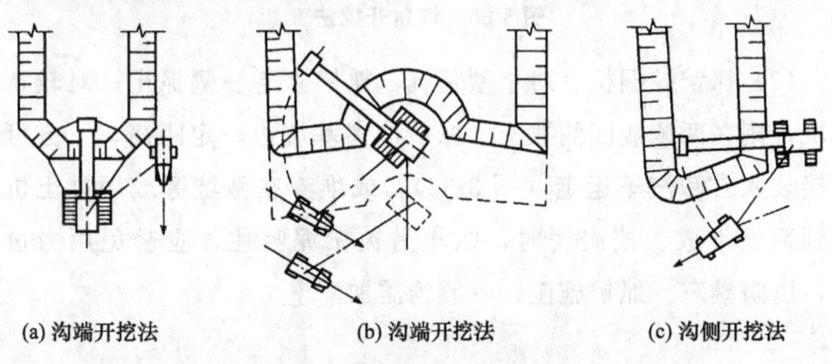

(a) 沟端开挖法　(b) 沟端开挖法　(c) 沟侧开挖法

图 3-54 沟端及沟侧开挖法

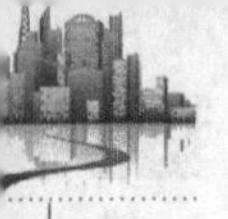

③沟侧开挖法。反铲停于沟侧沿沟边开挖，汽车停在机旁装土或往沟一侧卸土，如图 3-54（c）所示。这种方法铲臂回转角度小，能将土弃于距沟边较远的地方，但挖土宽度比挖掘半径小，边坡不好控制，同时机身靠沟边停放，稳定性较差。横挖土体和需将土方甩到离沟边较远的距离时可使用这种方法。

④沟角开挖法。反铲位于沟前端的边角上，随着沟槽的掘进，机身沿着沟边往后作“之”字形移动，如图 3-55 所示。臂杆回转角度平均在 45°左右，机身稳定性好，可挖较硬的土体，并能挖出一定的坡度。这种方法适于开挖土质较硬、宽度较小的沟槽（坑）。

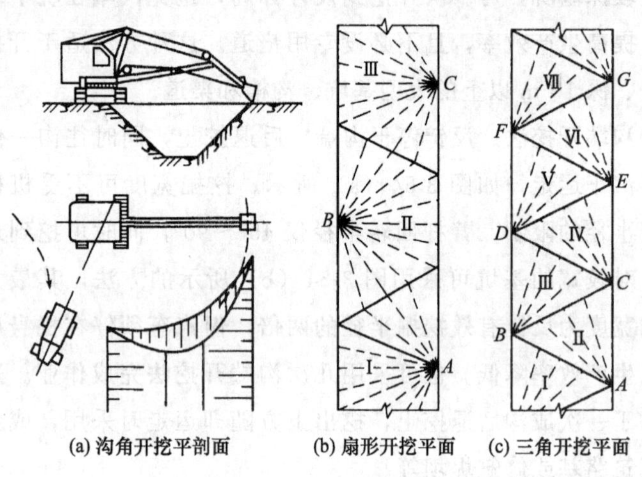

图 3-55　沟角开挖法

（3）抓铲挖掘机。对小型基坑，抓铲立于一侧抓土；对较宽基坑，则在两侧或四侧抓土。抓铲应离基坑边一定距离，土方可直接装入自卸汽车运走（图 3-56），或堆弃在基坑旁或用推土机推到远处堆放。挖淤泥时，抓斗易被淤泥吸住，应避免用力过猛，以防翻车。抓铲施工，一般均需加配重。

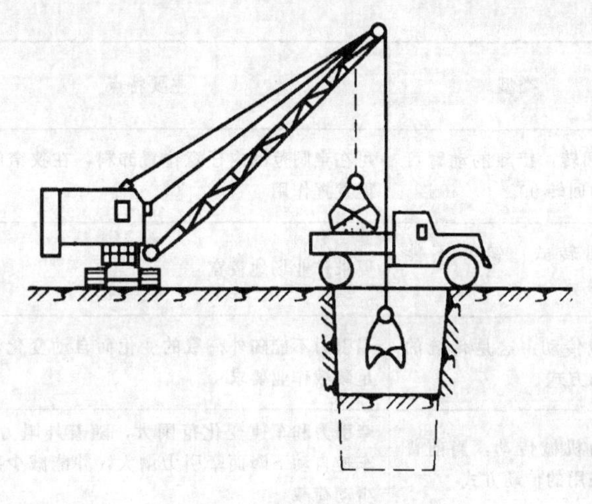

图 3-56　抓铲挖掘机挖土

二、装载机

装载机可用于装卸松散物料，并可自行完成短距离运土，并收集清理松散物料和剥离松软土层、平整地面或配合运输车辆装土。如更换工作装置，还可进行铲土、推土、起重和牵引等多种作业，且有较好的机动灵活性，在土方工程中得到广泛应用。

1. 装载机分类及特点

装载机的分类及其主要特点见表 3-13。

表 3-13　装载机的分类及其主要特点

分类方法	类型	主要特点
按行走装置分	履带式：采用履带行走装置	接地比压低，牵引力大，但行驶速度低，车移动不灵活
	轮胎式：采用两轴驱动的轮胎行走装置	行驶速度快，转移方便，可在城市道路上行驶，使用广泛
按回转方式	全回转：回转台能回转 360°	可在狭窄的场地作业，卸料时对机械停放位置无严格要求

（续表）

分类方法	类型	主要特点
按回转方式	90°回转：铲斗的动臂可左右回转 90°	可在半圆范围内任意位置卸料，在狭窄的地方也能发挥作用
	非回转式：铲斗不能加转	要求作业场地较宽
按传动形式	机械传动：这是传统的传动方式	牵引力不能随外荷载的变化而自动变化，不能满足装载作业要求
	液力机械传动：当前普遍采用的传动方式	牵引力和车速变化范围大，随着外阻力的增加，车速自动下降而牵引力增大，并能减少冲击，减少动荷载
	液压传动：一般用于 110 kw 以下的装载上	可充分利用发动机功率，提高生产率，但车速变化范围窄，车速偏低
按装载方式	前卸式：铲斗在前端铲装和卸料	结构简单，卸料安全可靠，但需要整机转向，费时
	回转卸料式：铲斗可相对于车架转动一定角度	铲斗回转卸料，作业效率高，但侧向稳定性不好
	后卸式：铲斗随大臂后转 180°到后端卸料	装载机不动就可直接向后面的运输车辆卸料，作业效率高，但铲斗要越过驾驶室，不安全，故应用不广
按发动机功率	小型＜1 m^3	小巧灵活，配上多种工作装置，可用于市政工程的多种作业
	中型 1～5 m^3	机动性能好，配有多种作业装置，能适应多种作业要求，可用于一般工程施工和装载作业
	大型 5～10 m^3	铲斗容量大，主要用于大型土、石方工程
	特大型≥10 m^3	主要用于露天矿山的采矿场，如与挖掘机配合，能完成矿砂、煤等物料的装车作业

2. 装载机构造与工作原理

建筑工程土方施工中常用的装载机械为轮胎式装载机，本节以轮胎式装载机为例介绍装载机的构造和工作原理。

轮胎式装载机由动力系统、传动系统、工作装置、工作液压系统、转向液压系统、车架、操作系统、制动系统、电气系统、驾驶室、覆盖件、空调系统等构成，其总体构造如图 3-57 所示。

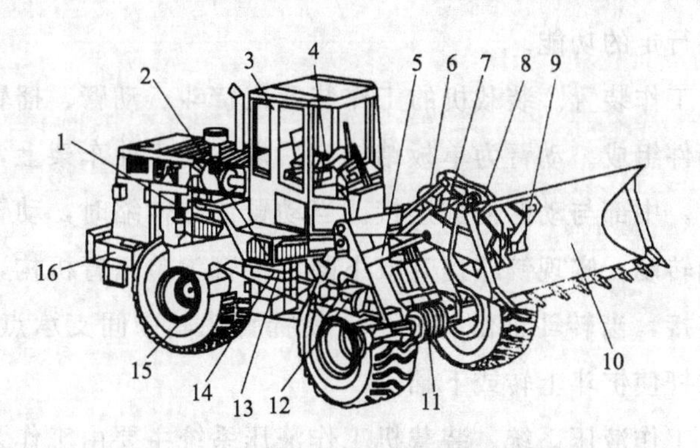

图 3-57 轮胎式装载机总体构造示意

1—发动机；2—变矩器；3—驾驶室；4—操作系统；5—动臂油缸；6—转斗油缸；7—动臂；8—摇着；9—连杆；10—铲斗；11—前驱动桥；12—传动轴；13—转向油缸；14—变速箱；15—后驱动桥；16—车架

（1）动力系统。装载机的动力系统由动力源柴油内燃机以及保证柴油内燃机正常运转的附属系统组成，主要包括柴油机、燃油箱、油门操作总成、冷却系统、燃油管路等。柴油机通过双变驱动传动系统完成正常的行走功能；通过驱动工作液压系统带动工作装置完成铲运、提升、翻斗等动作；通过驱动转向液压系统，偏转车架，完成转向动作。

（2）传动系统。传动系统由变矩器、变速箱、传动轴、前驱动桥、后驱动桥和车轮等组成。通过传动系统自动调节输出的扭矩和转速，装载机就可以根据道路状况和阻力大小自动变更速度和牵力，以适应不断变化的各种工况。挂挡后，从起步到该挡的最大速度之间可以自动无级变速，起步平稳，加速性能好。遇有坡度或突然的道路障碍，无须换挡而能够自动减速增大牵引力并以任意小的速度行驶，越过障碍；外阻力减小后，又能很快地自

动增速以提高效率。当铲削物料时，能以较大的速度切入料堆并随着阻力增大而自动减速，提高轮边牵引力以保证切入。

发动机输出的动力经过液力变矩器传递给变速箱，经过变速箱的变速将特定转速通过传动轴驱动前后桥和车轮转动，达到以一定速度行走的功能。

（3）工作装置。装载机的工作装置由铲斗、动臂、摇臂、拉杆四大部件组成。动臂为单板结构，后端支承于前车架上，前端连着铲斗，中部与动臂油缸连接。当动臂油缸伸缩时，动臂绕其后端销轴转动，实现铲斗提升或下降。摇臂为单摇臂机构，中部与动臂连接，当转斗油缸伸缩时，使摇臂绕其中间支承点转动，并通过拉杆使铲斗上转或下翻。

（4）工作液压系统。装载机工作液压系统主要由工作泵、分配阀（分配阀由安全阀、转斗滑阀、转斗大腔双作用安全阀、转斗小腔安全阀、动臂滑阀等集成）、转斗油缸、动臂油缸、油箱等组成。

装载机工作装置液压系统大多采用比例先导控制，通过操作先导阀的操作手柄，即可改变分配阀内主油路油液的流动方向，从而实现铲斗的升降与翻转。装载机工装置作液压系统一般采用顺序回路，各机构的进油通路按先后次序排列，泵只能按先后次序向一个机构供油。

在工作过程中，液压油自油箱底部通过滤油器被工作泵吸入，从油泵输入具有一定压力的液压油进入分配阀。压力油先进转斗滑阀，转斗滑阀有三个位，操作该滑阀，使滑阀处于右位（大腔）或左位（小腔），可以分别实现斗的后倾、前倾动作。当转斗滑阀处于中位时，压力油进入动臂滑阀。动臂滑阀有四个位，操作滑阀从右到左的四个位，可以分别实现动臂的提升、封闭、下降和浮动动作。系统通过分配阀上的总安全阀限定整个系统的总压力，转斗大腔、小腔的双作用安全阀分别对转斗大腔、小腔起过载保护和补油作用。动臂滑阀与转斗滑阀的油路采用互锁连通油路，可以实现小流量得到较快的作业速度。当铲斗翻转时，举升油路被切断。只有翻转油路不工作时，举升动作才能实现。

（5）转向液压系统。转向液压系统主要由转向泵、全液压转向器、流量放大阀及转向油缸等组成。其工作原理是：方向盘不转动时，转向器两出口关闭，先导泵的油经过压力选择阀后作为先导油的动力源，流量放大阀主阀杆在复位弹簧作用下保持在中位，转向泵与转向油缸的油路被断开，主油路经过流量放大阀中的流量控制阀进入工作装置液压系统。转动方向盘时，转向器排出的油与方向盘的转角成正比，先导油进入流量放大阀后，控制主阀杆的位移，通过控制开口的大小，从而控制进入转向油缸的流量。由于流量放大阀采用了压力补偿，因而进入转向油缸的流量与负载基本无关，只与阀杆上开口大小有关。停止转向后，进入流量放大阀阀杆一端的先导压力油通过节流小孔与另一端接通回油箱，阀杆二端油压趋于平衡，在复位弹簧的作用下，阀杆回复到中位，从而切断主油路，装载机停止转向。通过方向盘的连续转动与反馈作用，可保证装载机的转向角度。系统的反馈作用是通过转向器和流量放大阀共同完成。

3. 装载机合理选择

对于装载机，必须根据搬运物料的种类、形状、数量，堆料场地的地形、地质、周围环境条件，作业方法及配合运输的车辆等多方面情况来进行正确、合理的仔细选择。

（1）斗容量的选择。

①装载机的斗容量可根据装卸的数量及要求完成时间来确定。一般情况下，所搬运物料的数量较大时，应选择较大斗容量的装载机，以提高生产率；否则，可选择较小容量的装载机，以减少机械的使用费用。

②如装载机与运输车辆配合施工，运输车辆的斗容量应该是装载机斗容量的2～3倍，不得超过4倍，过大或过小都会影响车辆的运输效率。

（2）行走机构及方式的选择。

①当堆料现场地质松软、雨后泥泞或凹凸不平时，应当选择履带式装载机，以充分发挥履带式装载机防滑、动力性能好和作业效能高的作用；若现场地质条件好，天气又好，则宜选用轮胎式装载机。

②对于零散物料的搬运，在气候、地质条件允许的情况下，优先选择轮胎式装载机，因为轮胎式装载机行走方便、速度快、转移迅速，而履带式装载机不但转移速度慢，而且不允许在公路或街道上行驶。

③当装载的施工场地狭窄时，可选用能进行90°转弯铲装和卸载的履带式装载机，如回转式装载机。

④当与运输车辆配合施工时，可根据施工组织的装车方法选用。如果场地较宽，采用V形装车方法，应选用轮胎式机械，因其操作灵活，装车效率较高；如果场地较小，可以选择能转90°弯的履带式装载机。

（3）现有机型的选用。优先选用现有装载机是选择机械的重要原则。如果现有机械的技术性能与工作环境不相适应，则应采取多种措施，创造良好的工作条件，充分发挥现有装载机的特性。如现有装载机机型容量较小，可以采用两台共装一辆。自卸卡车或改选载重量较小的自卸卡车，以提高联合施工作业效率。

（4）其他因素的考虑。正确、合理地选择装载机必须全面考虑机械的使用性能和技术经济指标，如装载机的最大卸载距离、最大卸载高度、卸料的方便性、工作装置的可换性、操作简便性、工作安全性等，特别应优先选择燃油消耗率低、工作性能优良的先进产品。

4. 装载机操作要点

(1) 装载机工作距离不宜过大，超过合理运距时，应由自卸汽车配合装运作业。自卸汽车的车厢容积应与铲斗容量相匹配。

(2) 装载机不得在倾斜度超过出厂规定的场地上作业。作业区内不得有障碍物及无关人员。

(3) 装载机作业场地和行驶道路应平坦。在石方施工场地作业时，应在轮胎上加装保护链条或用钢质链板直边轮胎。

(4) 作业前重点检查项目须符合下列要求：

①照明、音响装置齐全有效。

②燃油、润滑油、液压油符合规定。

③各连接件无松动。

④液压及液力传动系统无泄漏现象。

⑤转向、制动系统灵敏有效。

⑥轮胎气压符合规定。

(5) 启动内燃机后，应怠速空运转，各仪表指示值应正常，各部管路密封良好，待水温达到55℃、气压达到0.45 MPa后，可起步行驶。

(6) 起步前，应先鸣声示意，宜将铲斗提升离地0.5 m。行驶过程中应测试制动器的可靠性，并避开路障或高压线等。除规定的操作人员外，不得搭乘其他人员，严禁铲斗载人。

(7) 高速行驶时应采用前两轮驱动；低速铲装时，应采用四轮驱动。行驶中，应避免突然转向。铲斗装载后升起行驶时，不得急转弯或紧急制动。

(8) 在公路上行驶时，必须由持有操作证的人员操作，并应遵守交通规则，下坡不得空挡滑行和超速行驶。

(9) 装料时，应根据物料的密度确定装载量，铲斗应从正面铲料，不得使铲斗单边受力。卸料时，举臂应低速缓慢翻转铲斗。

(10) 操作手柄换向时，不应过急、过猛。满载操作时，铲臂不得快速下降。

(11) 在松散不平的场地作业时，应把铲臂放在浮动位置，使铲斗平稳地推进；当推进过程中阻力过大时，可稍稍提升铲臂。

(12) 铲臂向上或向下动作到最大限度时，应迅速将操作杆拉回到空挡位置。

(13) 不得将铲斗提升到最高位置运输物料。运载物料时，宜保持铲臂下铰点离地面 0.5 m，并保持平稳行驶。

(14) 铲装或挖掘应避免铲斗偏载，不得在收斗或半收斗而未举臂时前进。铲斗装满后，应举臂到距地面约 0.5 m 时，再后退、转向、卸料。

(15) 当铲装阻力较大，出现轮胎打滑时，应立即停止铲装，排除过载后再进行铲装。

(16) 在向自卸汽车装料时，铲斗不得在汽车驾驶室上方越过。装料时，若汽车驾驶室顶无防护板，驾驶室内不得有人。

(17) 在向自卸汽车装料时，宜降低铲斗及减小卸落高度，不得偏载、超载和砸坏车厢。

(18) 在边坡、壕沟、凹坑卸料时，轮胎离边缘距离应大于 1.5 m，铲斗不宜过于伸出。在大于 3°的坡面上，不得前倾卸料。

(19) 作业时，内燃机水温不得超过 90℃，变矩器油温不得超过 110 t，当超过上述规定时，应停机降温。

(20) 作业后，装载机应停放在安全场地，铲斗平放在地面上，操作杆置于中位，并制动锁定。

(21) 装载机转向架未锁闭时，严禁站在前后车架之间进行检修保养。

(22) 装载机铲臂升起后，在进行润滑或调整等作业之前，应装好安全销，或采取其他措施支住铲臂。

(23) 停车时，应使内燃机转速逐步降低，不得突然熄火；应防止液压油因惯性冲击而溢出油箱。

三、推土机

推土机是一种自行式铲土运输机械，主要利用其前端的推土板（通称铲刀）进行短距离推运土方、石渣等作业和局部碾压，还可配置其他工作装置进行松土、除根、清除石块，以及给铲运机助铲和牵引各种拖式施工机械等，是土石方工程中广泛使用的施工机械。

1. 推土机分类及特点

推土机的分类及主要特点见表 3-14。

表 3-14 推土机的分类及主要特点

分类方法	形式	主要特点	应用范围
按行走装置	履带式	附着牵引力大，接地比压低，爬坡能力强，但行驶速度低	适用于条件较差的地带作业
	轮胎式	行驶速度低，灵活性好，但牵引力小，通过性差	适用于经常变换土地和良好土壤作业
按传动方式	机械传动	结构简单，维修方便，但牵引力不能适应外阻力变化，操作较难，作业效率低	—
	液力机械传动	车速和牵引力可随外阻力变化而自动变化，操作便利，作业效率高，但制造成本高，维修较难	适用于推运密实、坚硬的土
	全液压传动	作业效率高，操作灵活，机动性强，但制造成本高，工地维修困难	适用于大功率推土机对大型土方作业
按推土机作业环境	通用型	按标准进行生产的机型	一般土方工程使用
	专用型	有采用三角形宽履带板的湿地推土机和沼泽地推土机，以及水陆两用推土机等	适用于湿地或沼泽地作业
按推土机安装方式	直铲式	铲刀与底盘的纵向轴线构成直角，铲刀切削角可调	一般性推土作业

（续表）

分类方法	形式	主要特点	应用范围
按推土机安装方式	角铲式	铲刀除能调节切削角度外，还可在水平方向上回转一定角度，可实现侧向卸土	适用于填筑半挖半填的傍山坡道作业
按发动机功率	超轻型	功率 30 kW，生产率低	极小的作业场地
	轻型	功率在 30～75 kW	零星土方
	中型	功率在 75～225 kW	一般土方工程
	大型	功率在 225 kW 以上，生产率高	坚硬土质或深度冻土垢大型土方工程

2. 推土机构造与工作原理

推土机主要由发动机、底盘、液压系统、电气系统、工作装置和辅助设备等组成，其总体构造如图 3-58 所示。

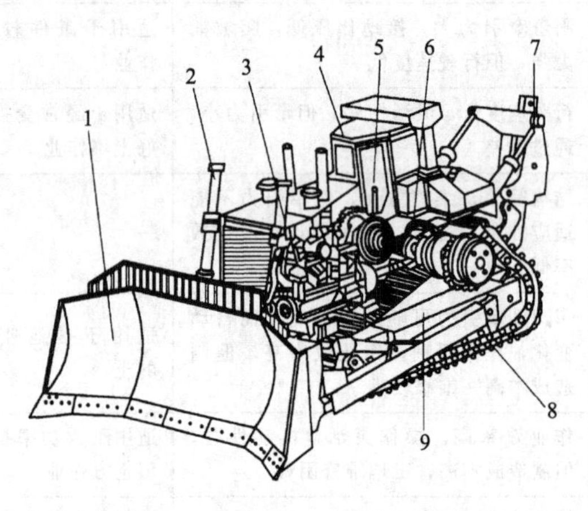

图 3-58　推土机总体构造示意

1—铲刀；2—液压系统；3—发动机；4—驾驶室；5—操作机构；6—传动系统；7—松土器；8—行走装置；9—机架

发动机是推土机的动力装置，大多采用柴油内燃机。发动机往往布置在推土机的前部，通过减振装置固定在机架上。电气系统包括发动机的电启动装置和全机照明装置。辅助设备主要由燃油箱、驾驶室等组成。

推土机的工作装置主要由推土刀和支持架两个部分组成。推土刀分固定式（直铲）和回转式（角铲）两种。前者的推土铲与主机纵轴经线固定为直角，如图 3-59 所示。后者如图3-60 所示，推土铲可以水平面内左右回转约 25°，在垂直面内可倾斜 8°～12°，且能视不同的土质条件改变其切削角，故回转式因能适应较多的工况而获得广泛使用。

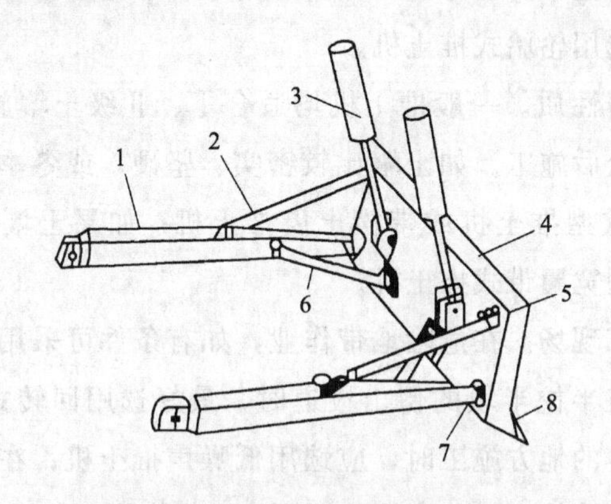

图 3-59　固定式推土机工作机构

1—顶推架；2—斜撑杆；3—铲刀升降油缸；4—推土板；
5—球形铰；6—水平撑杆；7—销接；8—刀片

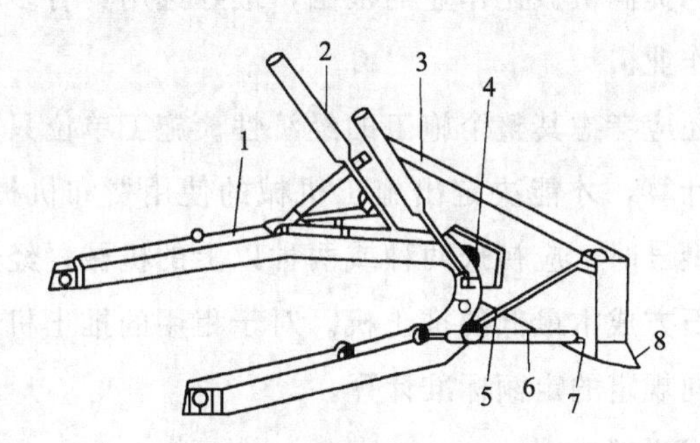

图 3-60　回转式推土机工作机构

1—顶推架；2—铲刀升降油缸；3—推土板；4—中间球铰；
5、6—上下撑杆；7—铰接；8—刀片

3. 推土机合理选择

土石方工程条件复杂，根据推土机的技术性能和土石方工程条件选择有效的施工措施和先进的施工方法和合理的推土机机型，充分发挥推土机的功能，以利于土石方工程的施工。推土机的类型选择，主要考虑以下几方面情况。

（1）土石方量大小。土石方量大而且集中时，应选用大型推土机；土石方量小而且分散时，应选用中、小型推土机，土质条件允许的可选用轮胎式推土机。

（2）土壤性质。一般推土机均适合Ⅰ、Ⅱ级土壤施工或Ⅲ、Ⅳ级土壤预松后施工。如土壤比较密实、坚硬，或冬季冻土，应选用液压式重型推土机或带松土齿推土机；如果土壤属潮湿软泥，最好选用宽履带式推土机。

（3）施工现场。在危险地带作业，如有条件可采用自动化推土机。在修筑半挖半填的傍山坡道时，最好选用回转式推土机；在严禁有噪声的地方施工时，应选用低噪声推土机；在水下作业时，可选用水下推土机；高原地区则应选择高原型推土机等。

（4）作业要求。根据施工作业的各种要求，为减少投入现场机械的台数和提高机械化作业的范围，最好选用具有多种功能的推土机施工作业。

此外，还应考虑其整个施工的经济性。施工单位只有对土石方成本进行计算，才能决定出施工机械的使用费和机械生产率，选择推土机型号时，应初选两种或两种以上的机械，经过计算比较，选择土石方成本最低的推土机。对于租用的推土机，土石方成本可按合同规定的定额标准计算。

4. 推土机作业方法

推土机开挖的基本作业是铲土、运土和卸土三个工作行程和空载回驶行程。铲土时应根据土质情况，尽量采用最大切土深度在最短距离（6～10 m）内完成，以便缩短低速运行时间，然后直接推运到预定地点。回填土和填沟渠时，铲刀不得超出土坡边沿。上下坡坡度不得超过35°，横坡不得超过10°。几台推土机同时作业时，前后距离应大于8 m。

（1）下坡推土法。在斜坡上，推土机顺下坡方向切土与堆运（图3-61），借机械向下的重力作用切土，增大切土深度和运土数量，可提高生产率30%～40%，但坡度不宜超过15°，避免后退时爬坡困难。

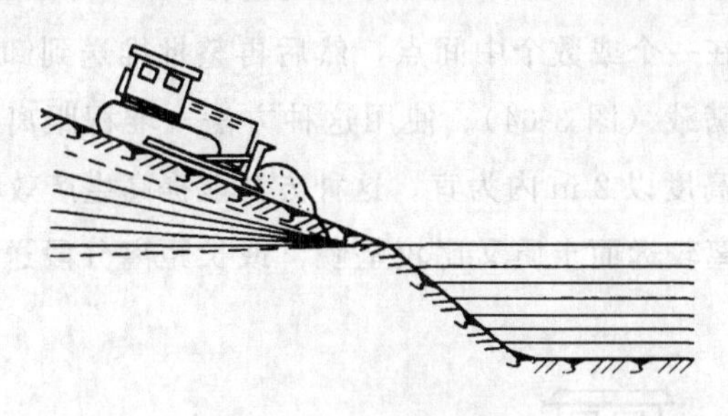

图3-61　下坡推土法

（2）槽形推土法。推土机重复多次在一条作业线上切土和推土，使地面逐渐形成一条沟槽（图3-62），再反复在沟槽中进行推土，以减少土从铲刀两侧漏散，可增加10%～30%的推土量。槽的深度以1 m左右为宜，槽与槽之间的土坑宽约50 m。运距较远、土层较厚时应使用这种方法。

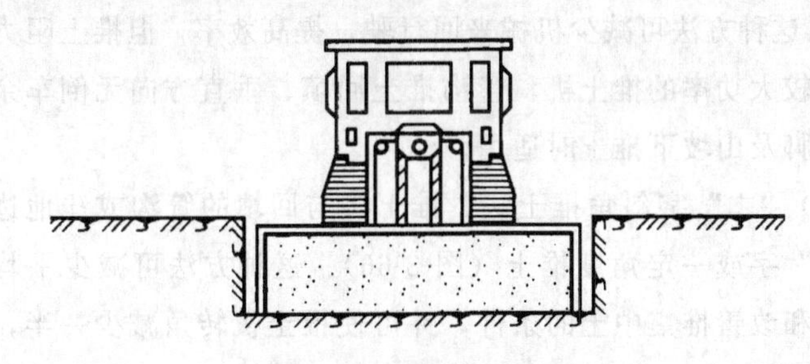

图3-62　槽形推土法

（3）并列推土法。用2台或3台推土机并列作业（图3-63），以减少土体漏失量。铲刀相距15～30 cm，一般采用两机并列推土，可增大推土量15%～30%。大面积场地平整及运送土时应使

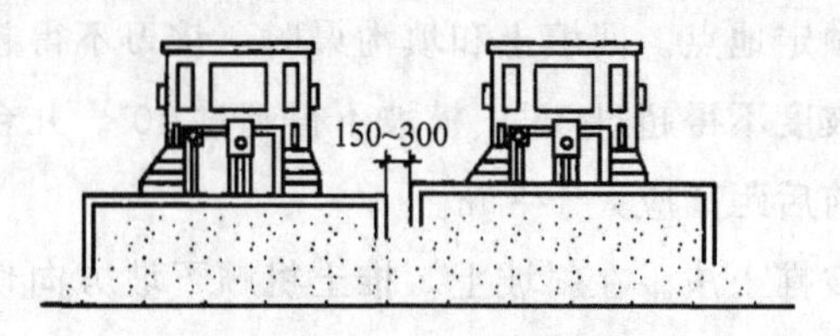

图 3-63 并列推土法

用这种方法。

（4）分堆集中，一次推送法。在硬质土中，切土深度不大，将土先积聚在一个或数个中间点，然后再整批推送到卸土区，使铲刀前保持满载（图 3-64）。使用这种方法，堆积距离不宜大于30 m，推土高度以 2 m 内为宜。这种方法能提高生产效率 15%左右。运送距离较远而土质又比较坚硬，或长距离分段送土时采用这种方法。

图 3-64 分堆集中，一次推送法

（5）斜角推土法。将铲刀斜装在支架上或水平放置，并与前进方向成一倾斜角度（松土为 60°，坚实土为 45°）进行推土（图 3-65）。这种方法可减少机械来回行驶，提高效率，但推土阻力较大，需较大功率的推土机，管沟推土回填、垂直方向无倒车余地或在坡脚及山坡下推土时适用。

（6）“之”字斜角推土法。推土机与回填的管沟或洼地边缘成“之”字或一定角度推土（图 3-66）。这种方法可减少平均负荷距离和改善推集中土的条件，并可使推土机转角减少一半，可提高台班生产率，但需较宽的运行场地．回填基坑、槽、管沟时适用。

（7）铲刀附加侧板法。运送疏松土壤且运距较大时，可在铲刀两边加装侧板，增加铲刀前的土方体积和减少推土漏头量。

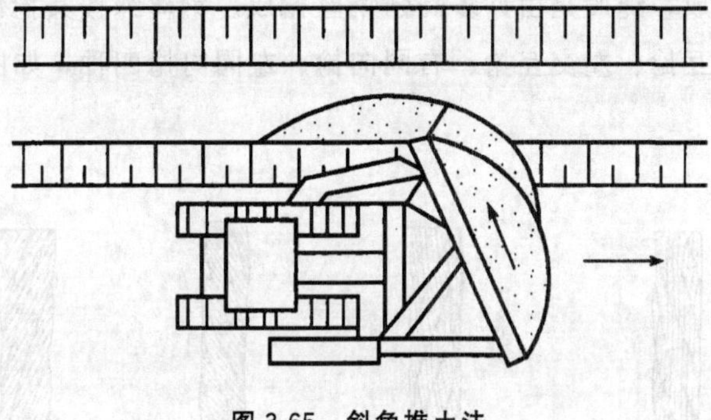

图 3-65 斜角推土法

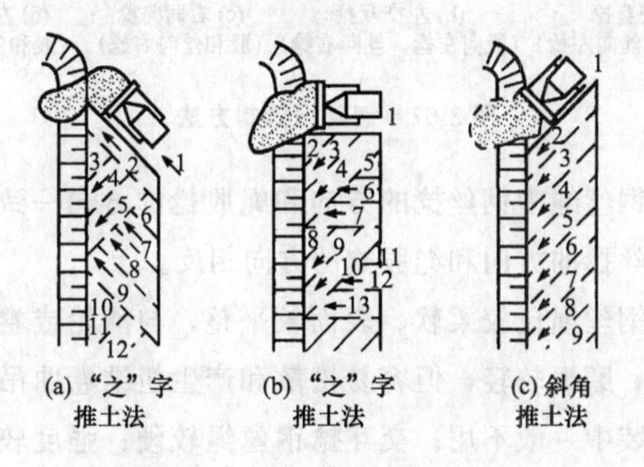

图 3-66 “之”字斜角推土法

第六节 起重吊装机械

一、钢丝绳

钢丝绳是起重吊装作业中的主要绳索，具有强度高、弹性大，韧性好耐磨、能承受冲击载荷等优点，且磨损后外部产生许多毛刺，容易检查，便于预防事故，因而在起重吊装作业中被广泛应用，可用作起重牵引、捆绑及张紧等。

1. 钢丝绳的构造

结构吊装中常用的钢丝绳是由六束绳股和一根绳芯（一般为

麻芯）捻成，绳股是由许多高强钢丝捻成。钢丝绳按其捻制方法分有右交互捻、左交互捻、右同向捻、左同向捻四种，如图 3-67 所示。

(a) 右交互捻（股向右捻，丝向左捻）

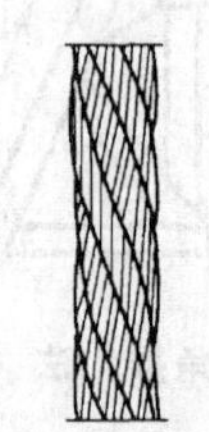

(b) 左交互捻（股向左捻，丝向右捻）

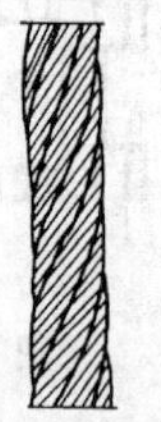

(c) 右同向捻（股和丝向右捻）

(d) 左同向捻（股和丝向左捻）

图 3-67 钢丝绳捻制方法

同向捻钢丝绳中钢丝捻的方向和绳股捻的方向一致：交互捻钢丝绳中钢丝捻的方向和绳股捻的方向相反。

同向捻钢丝绳比较柔软、表面较平整，与滑轮或卷筒凹槽的接触面较大，磨损较轻，但容易松散和产生扭结卷曲吊重时容易旋转，故吊装中一般不用；交互捻钢丝绳较硬；强度较高，吊重时不易扭结和旋转，吊装中应用广泛。

钢丝绳按绳股数及每股中的钢丝数区分：有 6 股 7 丝、7 股 7 丝、6 股 19 丝、6 股 37 丝及 6 股 61 丝等，吊装中常用的有 6×19、6×37 两种，6×19 钢丝绳可作缆风和吊索，6×37 钢丝绳用于穿滑车组和作吊索，

2. 钢丝绳的安全检查

钢丝绳使用定时间后，就会产生断丝腐蚀和磨损现象，其承载能力减低。一般规定钢丝绳在个节距内断丝的数量超过表 3-15 的数字时就应当报废，以免造成事故。

表 3-15 钢丝绳报废标准（一个节距内的断丝数）

采用的安全系数	钢丝绳种类					
	6×19		6×37		6×61	
	交互捻	同向捻	交互捻	同向捻	交互捻	同向捻
5 以下	12	6	22	11	36	18
6～7	14	7	26	13	38	19
7 以上	16	8	30	15	40	20

在钢丝绳表面有磨损式腐蚀情况时，钢丝绳的报废标准按表 3-16 所列数值降低。

表 3-16 钢丝绳报废标准降低率

钢丝绳表面腐蚀或磨损程度（以每根钢丝的直径计）/（%）	在一个节距内断丝数所列标准乘下列系数	钢丝绳表面腐蚀或磨损程度（以每根钢丝的直径计）/（%）	在一个节距内断丝数所列标准乘下列系数
10	0.85	25	0.60
15	0.75	30	0.50
20	0.70	40	报废

断丝数没有超过报废标准，但表面有磨损、腐蚀的旧钢丝绳，可按表 3-17 的规定使用。

表 3-17 钢丝绳合用程度判断

类别	钢丝绳表面现象	合用程度（%）	使用场所
Ⅰ	各股钢丝位置未动，磨损轻微，无绳股凸起现象	100	重要场所
Ⅱ	1. 各股钢丝已有变位、压扁及凸出现象，但未露出绳芯 2. 个别部分有轻微锈痕 3. 有断头钢丝，每米钢丝绳长度内断头数目不多于钢丝总数的 3%	75	重要场所

(续表)

类别	钢丝绳表面现象	合用程度(%)	使用场所
Ⅲ	1. 每米钢丝绳长度内断头数目超过钢丝总数的3%，但少于10% 2. 有明显锈痕	50	次要场所
Ⅳ	1. 绳股有明显扭曲、凸出现象 2. 钢丝绳全部均有锈痕，刮去后钢丝上留有凹痕 3. 每米钢丝绳长度内断头数超过10%，但少于25%	40	不重要场所或辅助工作

3. 钢丝绳使用注意事项

(1) 钢丝绳解开使用时，应按正确方法进行，以免钢丝绳产生扭结。钢丝绳切断前应在切口两侧用细铁丝捆扎，以防切断后绳头松散。

(2) 钢丝绳穿过滑轮时，滑轮槽的直径应比绳的直径大1～2.5 mm。滑轮槽过大钢丝绳容易压扁，过小则容易磨损。滑轮的直径不得小于钢丝绳直径的10～12倍，以减小绳的弯曲应力。禁止使用轮缘破损的滑轮。

(3) 应定期对钢丝绳加润滑油（一般以工作时间4个月左右加一次）。

(4) 存放在仓库里的钢丝绳应成卷排列，避免重叠堆置。库中应保持干燥，以防钢丝绳锈蚀。

(5) 在使用中，如绳股间有大量的油挤出表明钢丝绳的荷载已相当大，这时必须勤加检查，以防发生事故。

4. 钢丝绳末端的连接方法

钢丝绳在使用时需要与其他承载零件连接，常用连接方法有以下几种。

(1) 编绕法，如图3-68 (a) 所示。将钢丝绳的一端绕过心形套环后与工作分支用细钢丝扎紧，捆扎长度 $L=(20\sim25)d$（d 为钢丝绳直径），同时不应小于 300mm。

（2）楔形套筒固定法，如图 3-68（b）所示。将钢丝绳的一端绕过个带槽的楔子，然后将其一起装入一个与楔子形状相配合的钢制套筒内，这样钢丝绳在拉力作用下便越拉越紧，从而使绳端固定。此法装拆简便，但不适用于受冲击载荷的情况。

（3）绳卡固定法，如图 3-68（c）所示。将钢丝绳的一端绕过心形套环后用绳卡固紧。常用的钢丝绳卡有骑马式握拳式和压板式，如图 3-69 所示，其中应用最广泛的是骑马式。

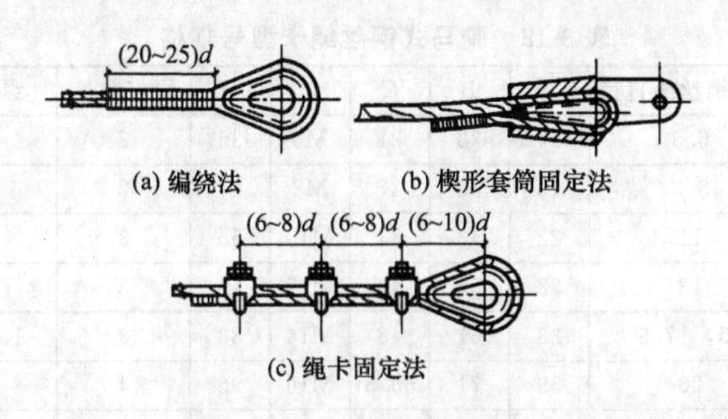

图 3-68 钢丝绳末端固定法

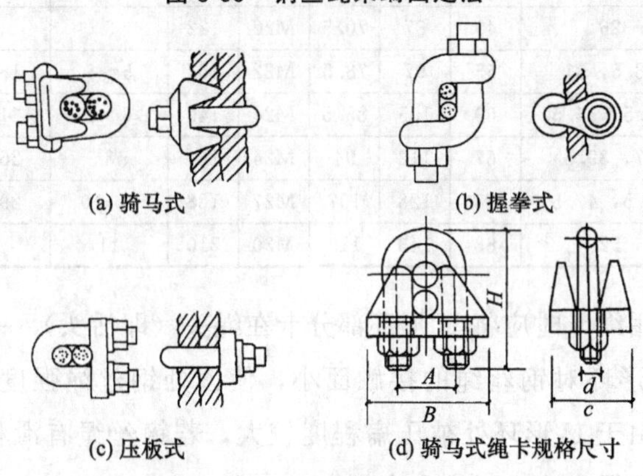

图 3-69 钢丝绳卡的种类

用绳卡连接钢丝绳既牢固又拆卸方便，但由于绳卡螺栓使钢丝绳运动受到阻碍，如不能穿过滑轮、卷筒等，其使用范围受到

限制，绳卡连结常用于缆风绳、吊索等固定端的连接上，也常用于钢丝绳捆绑物体时的最后卡紧。

绳卡具体使用时要注意以下几点。

①绳卡的规格大小应与钢丝绳直径相符，严禁代用（大代小或小代大）或在绳卡中加垫料来夹紧钢丝绳，使用时绳卡之间排列间距为钢丝绳直径的8倍左右，且最末一根绳卡离绳头的距离，般为150～200 mm，最少不得小于150 mm，绳卡使用的数量应根据钢丝绳直径而定，最少使用数量不得少于2个，具体可见表3-18。

表3-18　骑马式钢丝绳卡型号规格

型号	常用钢丝绳直径	A	B	C	D	H	绳夹数量	绳夹间距
Y_1-6	6.5	14	28	21	M6	35	2	70
Y_2-8	8.8	18	36	27	M8	44	2	80
Y_3-10	11	22	43	33	M10	55	3	100
Y_4-12	13	28	53	40	M12	69	3	100
Y_5-15	15，17.5	33	61	48	M14	83	3	100～120
Y_6-20	20	39	71	55.5	M16	96	4	120
Y_7-22	21.5，23.5	44	80	63	M18	108	4～5	140～150
Y_8-23	26	49	87	70.5	M20	122	5	170
Y_9-28	28.5，31	55	97	78.5	M22	137	5～6	180～200
Y_{10}-32	32.5，34.5	60	105	85.5	M24	149	6～7	210～230
Y_{11}-40	37，39.5	67	112	94	M24	164	8	250～270
Y_{12}-45	43.5，47.5	78	128	107	M27	188	9～10	290～310
Y_{13}-50	52	88	143	119	M30	210	11	330

②使用绳卡时应将U形环部分卡在绳头（即活头）一边，这是因为U形环对钢丝绳的接触面小，使该处钢丝绳强度降低较多，同时由于U形环处被压扁程度较大，若钢丝绳有滑移现象，只可能在主绳一边，对安全有利。

③绳卡螺栓应拧紧，以压扁钢丝绳直径的1/3左右为宜，绳卡使用后要检查螺栓螺纹有无损坏。暂不用时在螺纹部位涂上防

锈油，归类保存在干燥处。

④由于钢丝绳受力产生拉伸变形后，其直径会略为减少。因此，对绳卡须进行二次拧紧，对中、大型设备吊装，还可在绳尾部加一个观察用保险绳卡，如图3-70 所示。

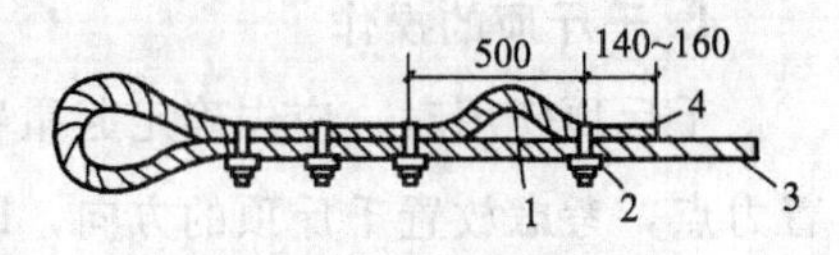

图 3-70　保险绳卡示意

1—安全弯；2—保险绳夹；3—主绳；4—绳头

⑤对大型重要设备的吊装或绳卡螺栓直径 $d \geqslant 20$ mm 时，当钢丝绳受力后，应对尾卡螺栓再次拧紧。

二、千斤顶

1. 齿条式千斤顶

齿条千斤顶由手柄、棘轮、棘爪、齿轮和齿条组成，它的起重能力一般为 3～5 t，最大起重高度 400 mm，齿条千斤顶升降速度快，能顶升离地面较低的设备，操作时，转动千斤顶上的手柄，即可顶起设备，停止转动时，靠棘爪、棘轮机构自锁。设备下降时，放松齿条式千斤顶，注意不能突然下降，使棘爪与棘轮脱开，要控制手柄缓慢的运动，防止设备重力驱动手柄飞速回转而致事故发生。

2. 螺旋式千斤顶

螺旋式千斤顶是利用螺纹的升角小于螺杆与螺母间的摩擦角，因而具有自锁作用，在设备重力作用下不会自行下落。

3. 液压千斤顶

液压千斤顶主要由工作油缸、起重活塞、柱塞泵、手柄等几部分组成，主要零件有油泵芯、缸、胶碗，活塞杆、外壳、底座、手柄、工作油、放油阀等。它以液体为介质，通过油泵将机械能转变为压力能，进入油缸后又将压力能转变为机械能，推动油缸活塞，顶起重物，其工作原理是利用液压原理。液压千斤顶的起重能力，不仅与工作压力有关，还与活塞直径有关，液压千斤顶起重量大、效率高、工作平稳，有自锁性，回程简便。

4. 千斤顶的操作

千斤顶使用时，应先确定起重物的重心，正确选择千斤顶的着力点，考虑放置千斤顶的方向，以便手柄操作方便。

用千斤顶顶升较大和较重的卧式物体时，可先抬起一端但斜度不得超过 3°（1∶20），并在物件与地面间设置保险垫。

如选用两台以上千斤顶同时工作时，每台千斤顶的起重能力不得小于其计算载荷的1.2倍，防止顶升不同步而使个别千斤顶超载而损坏。

三、卷扬机

1. 电动卷扬机的类型

电动卷扬机按滚筒形式分有单滚筒和双滚筒两种，按传动形式有可逆式和摩擦式之分，其起重量有多种规格。

一般可逆齿轮箱式卷扬机牵引速度慢，牵引力大，荷重下降时安全可靠，适用于设备的安装起重作业。可逆式电动卷扬机由电动机、减速齿轮箱、滚筒、电磁制动器、可逆控制器及底盘等组成，如图 3-71 所示。可逆式电动卷扬机的传动示意如图 3-72 所示。

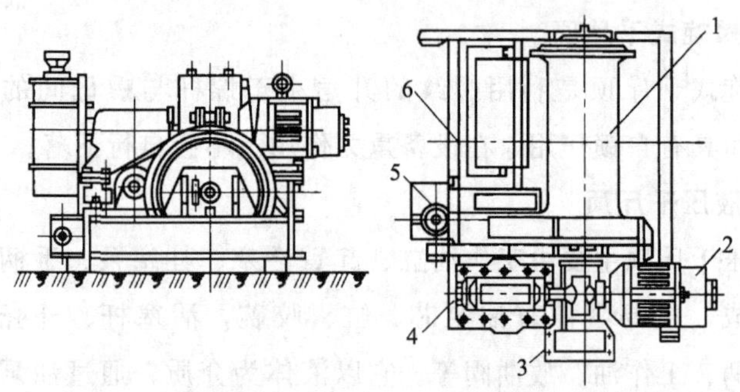

图 3-71　可逆式电动卷扬机

1—卷筒；2—电动机；3—电磁式闸瓦刨动器；

4—减速箱；5—控制开关；6—电阻箱

2. 电动卷扬机的试验

电动卷扬机是重要的起重机械，在使用前须进行安全性能检查，其检查步骤及试验项目为先进行外部检查和进行空载试验，合格后再进行载荷运转试验。

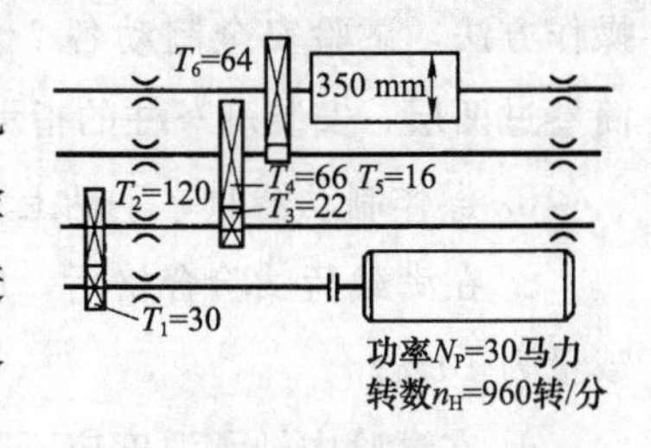

图 3-72　可逆式电动卷扬机传动示意

(1) 空载荷试验。

①有条件时应在试验架上进行。否则应将卷扬机安装可靠后，才能进行试验。供电线路及接地装置必须合乎规定。电动机在额定载荷工作时，电源电压与额定电压偏差应符合规定。

②空运转试验不少于 10 min，机器运转正常，各转动部分必须平稳，无跳动和过大的噪声。传动齿轮不允许有冲击声和周期性强弱声音。

③试验制动器与离合器，各操纵杆的动作必须灵活、正确、可靠，不得有卡住现象。离合器分离完全，操作轻便。

④测定电动机的三相电流，每相电流的偏差应符合规定。

(2) 载荷运转试验。

①载荷运转试验的时间应不少于 30 min。对于慢速卷扬机应按下列顺序进行：

a. 载荷量应逐渐增加，最后达到额定载荷的 110%。

b. 运转应反、正方向交替进行，提升高度不低于 2.5 m，并在悬空状态进行启动与制动。

c. 运转时试验制动器，必须保持工作可靠，制动时钢丝绳下滑量不超过 50 mm。

d. 运转中蜗轮箱和轴承温度不超过 60℃。

②快速卷扬机应按以下顺序进行。

a. 载荷量应逐渐增加，直至满载荷为止，提升和下降按下列

操作方法，试验安全制动各 2～3 次，每次均应工作可靠，使卷筒卷过两层，安装刹车柱的指示销。

b. 操作制动器时，手柄上所使用的力不应超过 80 N。

c. 在满载荷试验合格后，应再作超载提升试验 2～3 次，超载量为 10%。

d. 在试验中轴承温度应不超过 60℃。

e. 测定载荷电流，满载时的稳定电流和最大电流应符合原机要求。

试运转后，检查各部固定螺栓应无松动，齿轮箱密封良好、无漏油，齿轮啮合面达到要求。

3. 电动卷扬机使用注意事项

卷扬机及滑车选配时，其依据主要是设备的高度及起吊速度，施工中应根据具体情况合理选择。

(1) 卷扬机应安装在平坦、坚实、视野开阔的地点。布置方位应正确，固定牢靠，可采用地锚或利用就近的钢筋混凝土基础，对较长期定位使用的卷扬机，则可浇筑钢筋混凝土基础，短期使用者应将机座牢固置于木排上，机座木排前面打桩，后面加压力平衡，以防滑动或倾覆。长期置于露天的卷扬机应设防雨棚。

(2) 卷筒上的钢丝绳应分层排列整齐，且不得高于端部挡板，绳头在卷筒上应卡固牢靠，所选用的钢丝绳直径应与卷筒相匹配，即卷扬机卷筒直径与所用钢丝绳的直径有关，一般卷筒直径是钢丝绳的 16～25 倍。

(3) 卷扬机操作者须经专业考试合格持证上岗，熟悉卷扬机的结构、性能及使用维护知识，严格按规程操作，在进行大型吊装作业及危险作业时，除操作者外，应设专人监护卷扬机运行情况，发现异常及时处理并报告总指挥。使用两台或多台卷扬机吊装同一重物时，卷扬机的牵引速度和起重量等参数应尽量相同

（或相符），并须统一指挥、统一行动，做到同步起升或降落。

4. 电动卷扬机的维护保养

在起吊及运输设备过程中，卷扬机的好坏将直接影响到设备的安全、可靠吊装与运输，故需加强卷扬机的维护保养。

（1）日常维护保养。应经常保持机械、电气部分清洁，各活动部分充分润滑，经常需检查各部件连接情况是否正常，制动器、离合器、轴承座、操作控制器等是否牢靠，动作是否失灵，出现问题及时更换；经常检查钢丝绳状况，连接是否牢固，有无磨损断丝，出现问题及时处理或更换，工作结束后应收拢钢丝绳，加上防护罩，断开电源，拔出保险。

（2）定期维护保养。一般卷扬机工作 100～300 h 后应进行一级维护，即对机械部分进行全面清洗，重新润滑，检查各部分工作状况，更换或补充润滑油至规定油位。卷扬机工作 600 h 后，应进行二级维护，其内容为测定电机绝缘电阻，拆检电动机、减速器、制动器及电源系统，清洗电动机轴承，更换润滑油，详细查钢丝绳的质量状况等。

四、手动、电动葫芦

1. 手拉葫芦

手拉葫芦又称神仙葫芦、链条葫芦或捯链，是一种使用简便、易于携带、应用广泛的手动起重机械。它适用于小型设备和重物的短距离吊装，起重量一般不超过 10 t，最大的可达 20 t，起重高度一般不超过 6 m。

手拉葫芦主要由链轮、手拉链、传动机械、起重链及上下吊钩等几部分组成，如图 3-73 所示。

手拉葫芦具有体积小、重量轻、结构紧凑、手拉力小、携带方便、使用安全等特点，它不仅用于吊装，还可用于桅杆、缆风绳的张紧，设备短距离的水平拖动乃至找平找正等，应用十分广泛，一般起吊重物时常将其与三脚架配合使用。

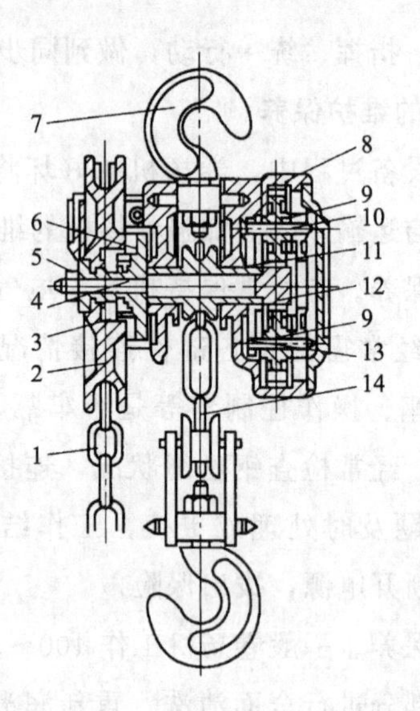

图 3-73　手拉葫芦（手动链式起重机）

1—手拉链；2—链轮；3—棘轮圈；4—链轮轴；5—国盘；
6—摩擦片；7—吊钩；8—齿圈；9—齿轮；10—齿轮轴；
11—起重链轮；12—齿轮；13—驱动机构；14—起重链子

手拉葫芦使用时应注意事项：

(1) 使用前应检查其传动、制动部分是否灵活可靠，传动部分应保持良好润滑，但润滑油不能渗至摩擦片上，以防影响制动效果，链条应完好无损，销子牢固可靠，查明额定起重能力，严禁超载使用。手拉葫芦当吊钩磨损量超过 10%，必须更换新钩。

(2) 使用时，拉链中应避免小链条跳出轮槽或吊钩链条打扭，在倾斜或水平方向使用时，拉链方向应与链轮方向一致，以防卡链或掉链，接近满负载时，小链拉力应在 400 N (40 kgf) 以下，如拉不动应查明原因，不得以增加人数的方法强拉硬拽。使用中链条葫芦的大链严禁放尽，至少应留 3 扣以上。

(3) 已吊起的设备需停留时间较长时，必须将手拉链拴在起重链上，以防时间过久而自锁失灵，另外除非采取了其他能单独承受重物重量吊挂或支承的保护措施，否则操作人员不得离开。

2. 电动葫芦

电动葫芦是把电动机、减速器、卷筒及制动装置等组合在一起的小型轻便的起重设备。它结构紧凑，轻巧灵活，广泛应用于中小物体的起重吊装工作中，它可以固定悬挂在高处，仅作垂直提升，也可悬挂在可沿轨道行走的小车上，构成单梁或简易双梁吊车。电动葫芦操作也很方便，由电动葫芦上悬垂下一个按钮盒，人在地面即可控制其全部动作。

电动葫芦的卷筒位于中央，电动机位于两侧，其构造如图 3-74所示。

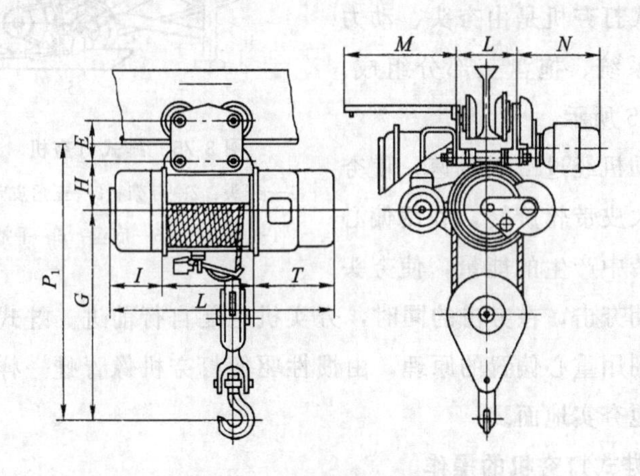

图 3-74　电动葫芦的构造

国产 CD 和 MP 型（双速）电葫芦其起重量为 0.5～10 t，起升高度 6～30 m，起升速度一般为 8 m/min，用途较广，另外，MD 型双速电动葫芦还有一个 0.8 m/min 的低速起升速度，可用作精密安装装夹工件等要求精密调整的工作。

电动葫芦使用时应注意以下事项：

(1) 不能在有爆炸危险或有酸碱类的气体环境中使用，不能用于运送熔化的液体金属及其他易燃易爆物品。

(2) 不准超载使用。

(3) 按规定定期润滑各运动部件。

（4）电动机轴向移动量δ出厂时已调整到1.5 m左右，使用中它将随制动环的磨损而逐渐加大，如发现制动后重物下滑量较大，应及时对制动器进行调整，直至更换新环，以保证制动安全。

第七节　地基处理机械

一、蛙式打夯机

1. 蛙式打夯机的构造

蛙式打夯机是由夯头、动力和传动系统、拖盘三部分组成，如图3-75所示。

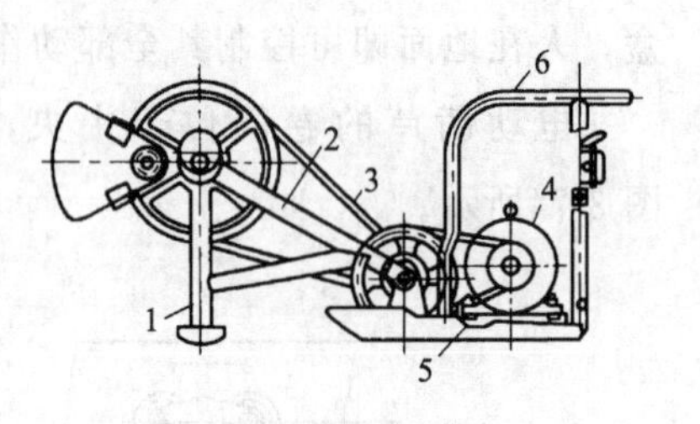

图3-75　蛙式打夯机

1—夯头；2—夯架；3—三角皮带；4—电动机；5—底盘；6—手把

电动机经过二级减速，使夯头上的大皮带轮旋转，利用偏心块在旋转中产生的能量，使夯头上下周期夯击，在夯击的同时，夯实机也能自行前进。蛙式打夯机就是利用重心偏置的原理，由惯性驱使打夯机像青蛙一样，一跳一跳地夯实地面。

2. 蛙式打夯机的操作

（1）夯机使用前检查绝缘线路、漏电保护器、定向开关、皮带、偏心块等，确认无问题方可使用。

（2）夯机操作时，要两人操作，一人扶夯机，一人整理线路，防止夯头夯打电源线。

（3）夯机拐弯时，不得猛拐或撒把不扶，任其自由行走。

（4）夯机作业时，夯机前进方向和靠近2 m范围内不得有人；多台夯机夯打时，其并列间距不得小于5 m，前后间距不得小于10 m；作业人员穿绝缘鞋、戴绝缘手套。

（5）随机的电源线应保持3～4 m的余量，发现电源线缠绕、破裂时要及时断电，停止作业，马上修理。

(6) 挪夯机前要断电，绑好偏心块，盘好缆线。工作完后断电锁好，放在干燥处。

(7) 夯头轴承座和传动轴承座在每班工作后应检查并加添润滑油。

(8) 夯机动臂滑动轴承和扶手转轴等处均装有压注式油杯，每班工作后，应检查并加注润滑油。

(9) 滚动轴承部位在每工作 400 h 时应检查并加注润滑油。

(10) 每班工作后应彻底清除机身泥土，擦拭干净并加足各部润滑油。

二、振动式冲击夯

1. 振动冲击夯的构造

振动冲击夯由原动机（汽油机或电动机）、联轴器、传动齿轮、连杆、内外缸体、夯板、手把等组成，如图 3-76 所示。

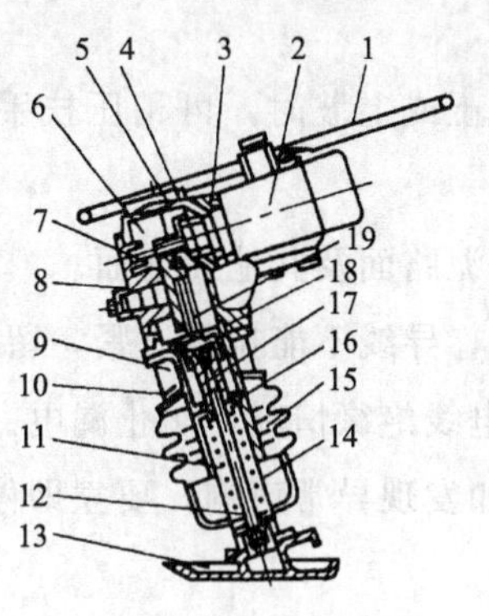

图 3-76 振动冲击夯

1—扶手；2—电动机；3—联轴器；4—油封架；5—小齿轮轴；6—曲轴箱；7—曲轴箱盖；8—大齿轮轴；9—外缸体；10—加油塞；11—内缸体；12—活塞杆；13—夯板；14—弹簧；15—防尘拆箱；16—滑块；17—活塞头；18—活塞销；19—连杆

原动机动力由离合器传给小齿轮带动大齿轮转动，使安装在大齿轮上的连杆带动活塞杆作上、下往复运动，由于弹簧对其能

量的吸收和释放，致使夯板快速跳动，对被夯材料产生冲击作用，从而取得夯实效果。由于机身与夯板倾斜了一个角度，所以夯机在冲击的同时会自动前进。振动冲击夯就是利用弹簧伸缩来带动整个机体上下跳动，就如皮球跳动。

2. 振动式冲击夯的操作

（1）使用前用户应详细阅读本说明书，按规范作业。

（2）使用前用户应检查油量，按规定加注润滑油，严禁无油操作。

（3）电机异常发热，应停机检查原因，确认电机接地良好。

（4）电机接通电源后，检查电机旋向是否正确（从风叶方向看应为顺时针方向旋转），否则，应调换相序。

（5）夯机工作时，不宜将扶手握得过紧，以减少对人体的振动而产生疲劳，扶手主要用于控制行进路线和方向。

（6）夯实回填土，应分层夯实，每层夯实高度不超过 25 cm，往返夯实三遍。

（7）夯实较松填土或上坡时，可稍压扶手，保证夯机的前进速度。

（8）严禁夯打水泥路面及其他硬地面。

（9）夯机工作时，导线不能拉得过紧，留有 3～4 m 余量。

（10）经常检查电线绝缘情况，防止漏电。

（11）工作时，如发现异常声响，要立即停机检查。

第四章

建筑机械设备使用管理

第一节 机械设备的选用管理

一、合理选用机械设备

1. 综合评分法

当有多台同类机械设备可供选择时，可以考虑机械的技术特点，通过对某种特性分级打分的方法比较其优劣。见表4-1中所列甲、乙、丙3台机械，在用综合评分法评比后，选择最高得分者（甲机）用于施工。

表4-1 综合评分法

序号	特性	等级	标准分	甲	乙	丙
1	工作效率	A/B/C	10/8/6	10	10	8
2	工作质量	A/B/C	10/8/6	8	8	8
3	使用费和维修费	A/B/C	10/8/6	8	10	6
4	能源耗费量	A/B/C	10/8/6	6	6	6
5	占用人员	A/B/C	10/8/6	6	4	4
6	安全性	A/B/C	10/8/6	8	6	6
7	完好性	A/B/C	10/8/6	8	6	6
8	维修难易	A/B/C	8/6/4	4	6	6
9	安、拆方便性	A/B/C	8/6/4	8	6	4
10	对气候适应性	A/B/C	8/6/4	8	4	4
11	对环境影响	A/B/C	6/4/2	4	4	4
总计分数				78	70	62

2. 单位工程量成本比较法

机械设备使用的成本费用分为可变费用和固定费用，可变费用又称操作费，随着机械的工作时间变化，如操作人员工资、燃料动力费、小修理费、直接材料费等；固定费用是按一定的施工期限分摊的费用，如折旧费、大修理费、机械管理费、投资应付利息、固定资产占用费等。租入机械的固定费用是应按期交纳的租金。有多台机械可供选用时，优先选择单位工程量成本费用较低的机械。单位工程量成本的计算公式是：

$$C=(R+PX)/QX$$

式中：C——单位工程量成本；

R——一定期间固定费用；

P——单位时间变动费用；

Q——单位作业时间产量；

X——实际作业时间（机械使用时间）。

3. 界限时间比较法

界限时间（X_0）是指两台机械设备的单位工程量成本相同时的时间，由方法 2 的计算公式可知单位工程量成本 C 是机械作业时间 X 的函数，当 A、B 两台机械的单位工程量成本相同，即 $CA=CB$ 时，则：

界限时间 $X_0=(R_bQ_a-R_{ab})/(P_aQ_b-P_bQ_a)$

当 A、B 两机单位作业时间产量相同，即 $Q_a=Q_b$ 时，则：

$$X_0=(R_b-R_a)/(P_a-P_b)$$

由图 4-1（a）可以看出，当 $Q_a=Q_b$ 时，应按总费用多少选择机械。由于项目已定，两台机械需要的使用时间 X 是相同的。

即需要使用时间（X）＝应完成工程量/单位时间产量＝$X_a=X_b$

当 $X<X_0$ 时，选择 B 机械；$X>X_0$ 时，选择 A 机械。

由图 4-1（b）可以看出，当 $Q_a \neq Q_b$ 时，两台机械的需要使用时间不同，$X_a \neq X_b$。在二者都能满足项目施工进度要求的条件下，需要使用时间 X 应根据单位工程量成本低者，选择机械。当 $X<X_0$ 时选择 B 机械，$X>X_0$ 时选择 A 机械。

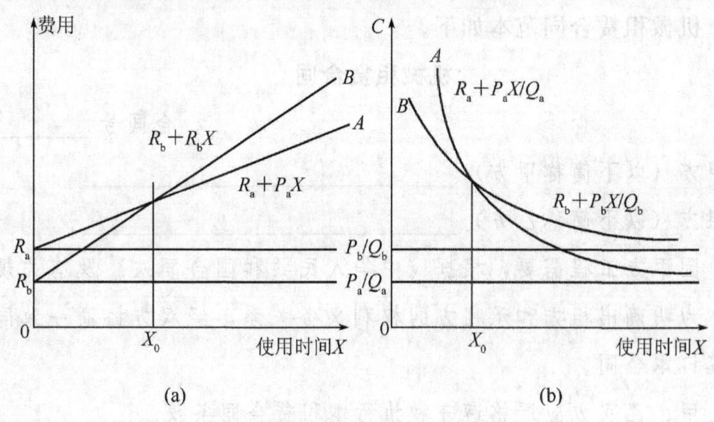

图 4-1　界限时间比较法

二、签订机械设备租赁合同

施工机械的内部租赁，是在有偿使用的原则下，由施工企业所属机械经营单位和施工单位之间所发生的机械租赁。机械经营单位为出租方承担提供机械、保证施工生产需要的职责，并按企业规定的租赁办法签订租赁合同，收取租赁费。

租赁合同是出租方和承租方为租赁活动而缔结的具有法律性质的经济契约，用以明确租赁双方的经济责任。承租方根据施工生产计划，按时签订机械租赁合同，出租方按合同要求如期向承租方提供符合要求的机械，保证施工需要。根据机械的不同情况，采取相应的合同形式。

（1）能计算实物工程量的大型机械，可按施工任务签订实物工程量承包合同。

（2）一般机械按单位工程工期签订周期租赁合同。

（3）长期固定在班组的机械（如木工机械、钢筋、焊接设备等），签订年度一次性租赁合同。

（4）临时租用的小型设备（如打夯机、水泵等）可简化租赁

手续，以出入库单计算使用台班，作为结算依据。

(5) 对外出租的机械，按租用期与承租方签订一次性合同。

机械租赁合同范本如下。

机械租赁合同

合同号________

承租方（以下简称甲方）________________________

出租方（以下简称乙方）________________________

因甲方工程需要，根据《中华人民共和国合同法》及有关规定，为明确出租方和承租方的权利义务关系，经双方协商一致同意签订本合同。

甲、乙双方应严格遵守和执行本租赁合同条款。

第一条：租赁机械名称，规格型号，数量，租赁形式及单价：

机械名称	规格型号	台数	租赁起讫日期	租赁形式	租赁单价	停置台班单价	随机人员	备注

第二条：租赁用途：________________工程施工。

第三条：机械的维修保养：机械在租赁期间的日常维修及较大故障排除等，均由乙方随机人员或乙方派人到现场修理，其费用均由乙方承担。甲方应积极协助。

第四条：机械设备调迁费用：________________

第五条：机械租赁费的结算及计算方法：

机械租赁费用每______结算一次，或机械租赁期满后一次结清。

计算方法：

1. 单机台班形式租赁：台班费+停置费

台班费：按司驾人员填写由工段长签认的运转记录，每8 h为一个台班计算。

停置费：因甲方原因（如任务不足或施工安排不合理等），而造成的机械设备整天不能工作的停工日。

2. 月租形式租赁：月租费—应扣费用

3. 应扣费用

(1) 因乙方机械保养、修理等原因发生的停工台班费。

(2) 因气候原因影响的停工台班费。

(3) 因乙方其他原因影响的停工台班费。

(4) 甲方垫付的机械维修、材料及工时等费用。

第六条：双方权利和义务

1. 甲方的权利和义务

(1) 在乙方不配司驾人员的情况下，设备使用前（或运输前）甲方要对乙方设备的技术性能等方面进行验收并逐项登记，并经双方签字认可。

(2) 在乙方不配司驾人员的情况下，甲方对租用的设备有管理和爱护的责任，保证设备安全，正常使用，发生丢失和损坏，要负责赔偿。

(3) 甲方要按合同约定的期限交付租金。

(4) 甲方没有得到乙方同意，不得将租用设备转让第三方使用。

(5) 设备租用期间，因使用或技术状况差等原因，需进行大中修，或受到不可抗拒的自然灾害时，甲方要及时通知乙方修理或转移，期间所需费用由乙方承担。

不可预见的自然灾害所造成的经济损失由乙方自负。

(6) 租赁期满后，甲方应及时返还租赁机械。

2. 乙方的权利和义务

(1) 乙方应按合同及时将机械交给甲方使用，原则上应带随机司驾人员，司驾人员食宿由甲方提供便利，工资奖金由乙方负

责支付，如确有困难，需双方商定。

(2) 乙方交付给甲方的机械应符合合同要求，乙方应保证甲方按约定使用机械的权力，并服从甲方的统一调度。

(3) 乙方应负责出租机械的维修保养，并保证机械的完好。

(4) 乙方司驾人员要遵守国家法规，服从甲方的工作安排，积极配合，完成任务，并认真填写运转记录一式两份，由工段长签字认可，一份交机管部门统计，一份作为乙方的结算依据，在结算时由机管部门签认，交财务部门审核结算。

第七条：机械租赁合同的变更及解除

1. 因工程或计划发生变化，租赁合同需改变租用期限，甲方应提前__________日通知乙方，经双方协商而定。

2. 租赁机械如有缺陷、技术状况差，而乙方不能及时修理的，甲方可随时解除合同。

3. 甲方未经乙方同意，擅自将机械转租给第三方，乙方有权解除合同。

第八条：安全责任：由于乙方操作不当或违章作业造成的机械事故或人身伤亡事故，由乙方自负，甲方提供必要的救助措施。

第九条：其他约定：____________________

第十条：本合同未尽事宜，由双方共同协商解决。

第十一条：本合同一式四份，双方各执两份，具有同等法律效力。

承租方（盖章）　　　　出租方（盖章）

单位地址：　　　　　　单位地址：

法定代表人：　　　　　法定代表人：

委托代理人：　　　　　委托代理人：

电话：　　　　　　　　电话：

开户行：　　　　　　　　　　开户行：

邮编：　　　　　　　　　　　邮编：

年　月　日　　　　　　　　　年　月　日

三、机械设备的正确使用

（1）正确使用机械是机械使用管理的基本要求，它包括技术合理和经济合理两个方面的内容。

①技术合理。就是按照机械性能、使用说明书、操作规程以及正确使用机械的各项技术要求使用机械。

②经济合理。就是在机械性能允许范围内，能充分发挥机械的效能，以较低的消耗，获得较高的经济效益。

（2）根据技术合理和经济合理的要求，机械的正确使用主要应达到以下三个标志。

①高效率。机械使用必须使其生产能力得以充分发挥。在综合机械化组合中，至少应使其主要机械的生产能力得以充分发挥。机械如果长期处于低效运行状态，那就是不合理使用的主要表现。

②经济性。在机械使用已经达到高效率时，还必须考虑经济性的要求。使用管理的经济性，要求在可能的条件下，使单位实物工程量的机械使用费成本最低。

③机械非正常损耗防护。机械正确使用追求的高效率和经济性必须建立在不发生非正常损耗的基础上，否则就不是正确使用，而是拼机械，吃老本。机械的非正常损耗是指由于使用不当而导致机械早期磨损、事故损坏以及各种使机械技术性能受到损害或缩短机械使用寿命等现象。

以上三个标志是衡量机械是否做到正确使用的主要标志。要达到上述要求的因素是多方面的，有施工组织设计方面和人的因素，也有各种技术措施方面的因素等，图 4-2 是机械使用的主要因素分析，机械使用管理就是对图 4-2 所列各项因素加以研究，并付诸实践。

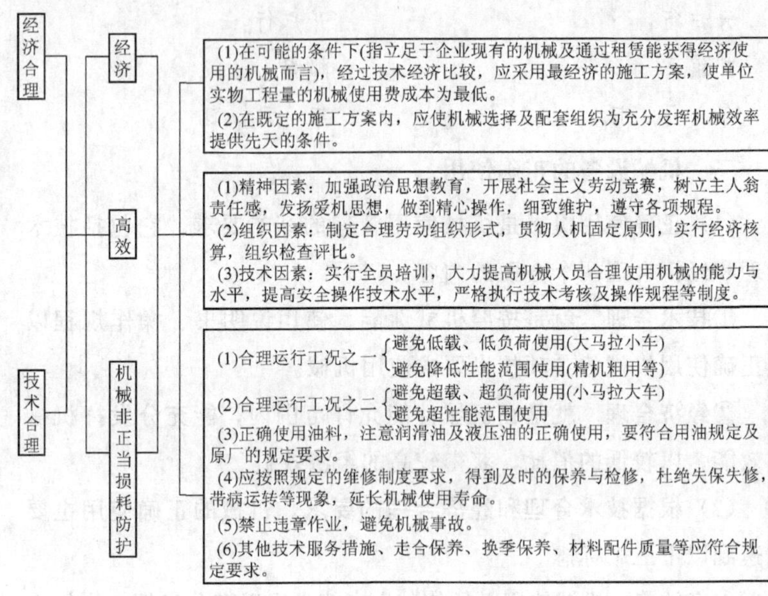

图 4-2　机械正确使用的主要因素分析

第二节　机械设备的操作、使用管理

一、振动器的使用与维护

1. 每班保养（每班工作前、工作中、工作后进行）

（1）检视电路和开关，电气部分不能受潮或漏电，电线外层不能破裂，芯线不能裸露，开关应接触可靠，保险丝应符合规定，电动机应接地良好。

（2）检查轴承及电动机温度，轴承的温度不应高于 600℃，电动机的温升不应超过 600℃。

（3）用完后清除机体和棒头等部件表面的灰尘和污物，并放置在干燥处保管。

2. 一级保养（每隔 300 工作小时进行）

（1）进行一级保养的全部作业。

（2）着重拆检软轴，将软轴从软管中抽出。利用毛刷反复擦洗表面，并检查其磨损情况，如软轴磨损面超过30%，则应更换。无论是新软轴或仍可使用的旧软轴，在装进软管之前，均应在软轴表面涂上1～2 mm厚的润滑脂。

3. 二级保养（每隔300工作小时进行）

（1）进行一级保养的全部作业。

（2）拆检、润滑防逆装置，使之转动灵活。

（3）拆检棒头，其方法是先拧下尖头（左螺纹）再拧下软管接头，使软轴外露。然后夹紧软轴接头，用扳手夹紧滚锥下端并逆时针方向旋转，使滚锥与软轴接头分开，棒头即可由软轴、软管上卸下。这时用木锤轻敲滚锥下端，可将滚锥连同轴承、油封等零件从套管上端取出。安装时，则按以上相反顺序进行，棒头拆卸后，要清洗棒壳内表面及滚锥、油封、轴承等，如有损坏，应予以更换。重新装配时除轴承处需加油外，棒壳内油封以下要绝对清洁无油，否则滚锥只能自转而无法起振。

4. 三级保养（每隔600工作小时进行）

（1）进行二级保养的全部作业。

（2）测量电机绝缘电阻值，不应低于0.5 MΩ。拆检电机，清除定子绕组上的灰垢。检查定子和转子之间有无摩擦痕迹，并清洗轴承，换用新油。

二、砂浆机的使用与维护

1. 操作要点

（1）严格掌握各种材料的配合比，工作中切忌物料内夹有粗大石粒。

（2）须待搅拌机正常运转后才能加料，禁止满荷启动，不得超负荷运转。加料时不允许将脚踏在进料口的防护铁栅上，并注意工具、绳索等不要卷入拌筒内，以免发生危险。

（3）作业中不得用手或棍棒伸进搅拌筒内或在筒口清理

灰浆。

(4) 工作中如遇故障或停电，应拉开闸刀开关，同时将筒内存料清出。

(5) 运转中电机和轴际温度不宜过高。如发现漏浆，可旋转轴端压盖螺帽来重新压紧密封填料，但检修工作必须在停机的情况下进行。

(6) 工作完毕后应将搅拌机内外清洗干净，并切断电源，锁好开关箱。

2. 维护保养

(1) 每班保养（每班工作前、工作中和工作后进行）。

①清除机体上污垢，按润滑表加注规定的油料。

②检视电路和开关，接头连接应牢固，保险丝应符合规定，开关接触应可靠，接地应良好。

③检查皮带的松紧度，以用手指能在皮带中间按下 10～15 mm为宜，各防护装置应齐备可靠。

④调整搅拌轴两端的盘根压盖，使其紧固适当，密封良好。

⑤运转前先转动搅拌机，应灵活无阻碍，出料装置要严密可靠。

⑥运转中检查滚动轴承与滑动轴承的温度不应超过 600℃，电动机及其轴承的温升不应高于 600℃。

(2) 一级保养（每隔 100 工作小时进行）。

①进行每班保养的全部工作。

②调整两皮带轮使之保持在同一平面上，三角带不应破损，必要时更换。

③检查减速箱油面高度，蜗轮以侵入油中 1/3 为宜。

④紧固各部螺栓，调整搅拌叶和搅拌筒之间的间隙，使之保持在 6～10 mm，行走轮要转动灵活。

⑤检查搅拌轴两端盘根，应松紧适宜，如有破损或硬化，应

立即更换。

(3) 二级保养(每隔600工作小时进行)。

①进行一级保养的全部工作。

②测量电机绝缘电阻值不应低于0.5 MΩ。拆检电动机，清除定子绕组上的灰垢，检查定子和转子之间有无摩擦痕迹。清洗轴承。加注新润滑脂。

③拆检泵体，清洗水泵轴、轴承、叶轮、泵壳、水封环等。疏通泵壳内的不封环小孔，检查叶轮两端与吸水口填环和吸水背侧填环间的径向间隙应为0.1～0.15 mm，滚动轴承的径向间隙应不大于0.15 mm，滑动轴承间隙应为0.07～0.10 mm。

④清理或更换填料，检查压盖与轴颈之间的间隙应为0.4～0.5 mm，压盖外周与座之间的间隙为0.1～0.2 mm，装置填料时相邻两圈对口处应错开120～180℃、压盖螺栓紧固时要用力均匀。

三、交流弧焊机的使用与维护

1. 每班保养(每班工作前、工作中和工作后进行)

(1) 检查导线，要求芯线不准裸露，一次线必须用胶皮线，二次线应使用电焊把线，同时后者比前者的截面一般应大30%，接头处应装上铜鼻子。

(2) 检查开关，装上规定的保险丝，开关接触点处要吻合，表面不准烧伤。

(3) 检查外罩和接地装置，应设置齐全，牢固可靠。

(4) 检查一、二次回路接线柱，表面不准有烧损。装接头时，上下面应先垫置铜垫圈，然后拧紧螺母。绝缘板不准有破裂和烧损。

2. 一级保养(每隔500工作小时进行)

(1) 进行每班保养的全部工作。

(2) 清除线圈上的灰尘，紧固铁芯夹箍螺栓和接线柱内侧螺

母，线圈和接线头应排列整齐。

（3）清洗调节器螺丝杆，并涂抹新润滑脂。

（4）利用 500 V 摇表测定绕组绝缘电阻值应不低于 1.4 MΩ，否则应予以干燥。

四、塔式起重机的使用与维护

1. 塔式起重机使用管理注意事项

（1）塔式起重机使用单位无条件接受上级主管部门（劳动局、建设局等）定期、不定期的检查监督。

（2）塔式起重机使用部门（工地）应主动并积极地接纳公司生产科的业务指导和各项必要的检查监督。

（3）使用塔式起重机的工地应设立塔式起重机管理负责人，该负责人负责全部塔式起重机使用的各项管理工作。塔式起重机管理负责人的任命应取得公司设备管理部门的认可并登记备案。

（4）塔式起重机使用应配备足够的工作人员（操作人员、指挥人员及维修人员）。所有工作人员应具备上岗证书，并按政府主管部门要求进行复验，所有工作人员的聘用应取得公司生产科的认可并登记备案。

（5）塔式起重机管理、操作、指挥、维修人员应充分胜任所担负的工作，熟悉使用的塔式起重机的性能特点和作用要求，工作认真负责。

（6）进行塔工起重机操作的工作人员的连续工作时间不应超过 6 h，每日累计工作时间不应超过 8 h。

（7）塔式起重机管理应建立技术档案，包括以下内容。

①产品合格证。

②生产许可证（复印件及其他证明材料）。

③安装验收资料。

④使用说明书。

⑤塔式起重机的安装基础图。

⑥操作人员当班记录。

⑦维修、保养、自检记录。

⑧各工作人员资格证明材料（如上岗证等）。

2. 塔式起重机维护保养

日常保养每班进行，由操作司机负责。日常保养具体时间可以在工作班的间歇进行，也可以在交接班过程中进行。保养时必须切断电源，使机器停止运转。

（1）工作班前的保养。

①清除轨道上的障碍物。

②检查制动系统是否可靠。

③检查各减速器润滑油情况。

④检查螺栓连接有无松动，并及时拧紧。

⑤检查各安全装置，必须完整有效。

⑥检查电缆有无破损，并对破损处及时包扎。

（2）工作班中的保养。

①注意细听各大工作机构运转中有无异响。

②注意细听电动机、制动器、接触器有无异常的声音。

③塔机停歇时，仔细检查轴承、电动机、制动电磁铁以及电阻片的温升情况。

④塔机停歇时，留心检查制动系统。

（3）工作班后的保养工作。

①清扫驾驶室。

②切断电源，锁好驾驶室门窗。

③认真填写当班记录。

第五章

建筑机械故障诊断及修理

第一节　机械设备修理的一般工艺

一、接收待修机械

设备使用单位应按修理计划规定的日期，在修前认真做好施工生产任务的安排。对由企业机修车间和企业外修单位承修的设备，应按期移交给修理单位，移交时，应认真交接并填写“设备交修单”（见表5-1）一式两份，交接双方各执一份。

表5-1　设备交修单

<table>
<tr><td colspan="2">设备编号</td><td colspan="2">机械名称</td><td colspan="3">型号规格</td></tr>
<tr><td colspan="2"></td><td colspan="2"></td><td colspan="3"></td></tr>
<tr><td>交修日期</td><td colspan="2">年　月</td><td colspan="2">日</td><td colspan="2">合同名称、编号</td></tr>
<tr><td colspan="7">随机移交的附件及专用工具</td></tr>
<tr><td>序号</td><td colspan="2">名称</td><td colspan="2">规格</td><td>单位</td><td>数量</td></tr>
<tr><td>1</td><td colspan="2"></td><td colspan="2"></td><td></td><td></td></tr>
<tr><td>2</td><td colspan="2"></td><td colspan="2"></td><td></td><td></td></tr>
<tr><td>3</td><td colspan="2"></td><td colspan="2"></td><td></td><td></td></tr>
<tr><td>……</td><td colspan="2"></td><td colspan="2"></td><td></td><td></td></tr>
<tr><td>10</td><td colspan="2"></td><td colspan="2"></td><td></td><td></td></tr>
<tr><td colspan="2">需记载的事项</td><td colspan="5"></td></tr>
<tr><td rowspan="3">使用部门</td><td>部门名称</td><td></td><td rowspan="3"></td><td>部门名称</td><td colspan="2"></td></tr>
<tr><td>负责人</td><td></td><td>负责人</td><td colspan="2"></td></tr>
<tr><td>交修人</td><td></td><td>接收人</td><td colspan="2"></td></tr>
</table>

注：本表一式二份，使用部门、承修单位各执一份。

设备竣工验收后，双方按“设备交修单”清点设备及随机移交的附件、专用工具。如果设备在安装现场进行修理，使用单位在移交设备前，应彻底擦洗设备，并为修理作业提供必要的场地。

由设备使用单位维修班组承修的小修或项修，可不填写“设备交修单”，但也应同样做好修前的施工生产安排，按期将设备交付修理。

二、机械拆卸

1. 做好拆卸前的准备工作

工程机械的种类和型号较多，在认清其构造、原理和各部分的性能前，不要拆卸。应先制定拆卸顺序和操作方法，一般是先外后内、先总成后部件。

2. 根据需要确定拆卸的零部件

能不拆者尽量不拆，对于不拆卸的部分必须经过整体检验，确保使用质量，否则，使隐蔽缺陷会在使用中发生故障或事故。

3. 选择好拆卸的工作地点

机械在进入拆卸地点前，应进行外部清洗。机械进入指定地点后，应先顶起机身，用垫木垫牢，并趁热放尽各机构的润滑油、工作油、燃油和冷却水。

4. 要使用合适的工具、设备

拆卸时所用的工具一定要与被拆卸的零件相适应，避免因工具不合适而乱敲乱打，造成零件变形或损坏。必须了解机械各总成及部件的质量，正确使用起重设备，保证安全拆卸。

5. 拆卸时应为装配工作创造条件

拆卸时对非互换性的零件，应作记号或成对放置，以便装配时装回原位，保证装配精度和减少磨损；拆开后的零件，均应分类存放，以便查找，防止损坏、丢失或弄错。在工程机械修理中，由于机种型号繁多，一般均应按总成、部件存放。

三、机械零件清洗

清洗是修理工作中的一个重要环节，清洗质量对机械的修理质量影响很大。零件清洗包括油污、旧漆、锈层、积炭、水垢和其他杂物等污渍的清洗。由于这些污垢物的化学成分和特性各不相同，其清除方法也各不一样。

1. 清除油垢

常用清除油垢的方法及应用特点见表 5-2。

表 5-2　常用清除油垢方法及应用特点

清洗方法	配用清洗液	主要特点	适用范围
擦洗	煤油、清柴油或水基清洗液	操作方便，不需要作业设备，但生产效率低，安全性差	单件、小型零件及大型件的局部
浸洗	碱性 BW 液或其他各种水基溶剂清洗夜	设备简单、清洗时间长	形状复杂的零件或油垢较厚的零件
喷洗	除多泡沫的水基清洗液外，均可使用	工件和喷嘴之间有相对运动，生产效率高，但设备较复杂	形状简单且批量较大的零件，可清洗半固态油垢和一般固态污垢
高压喷洗	碱性液或水基清洗液	工作压力一般在 7 MPa 以上除油污能力强	油污严重的大型工件
电解清洗	碱性水基清洗液	清洗质量优于浸洗，但要求清洗液为电解质，并需配直流电源	对清洗要求质量较高的零件，如电镀前的清洗
气相清洗	三氯乙烯、三氯乙烷、三氯三氟乙烷	清洗效果好、工件表面清洁度高，但设备较复杂，且安全性要求高	对清洗要求质量较高的零件
超声波清洗	碱性液或水基清洗液	清洗效果好、生产效率高，但需要成套超声波清洗装备	形状复杂并清洗要求高的小型零件

注：1. 清洗液的种类很多，有碱溶液、合成水基清洗液、化学除油溶液以及电化学除油的电解溶液等，应根据所使用的清洗方法来选用不同的清洗液。
2. 零件经过清洗后，在任何部位都不应残存油脂凝块。
3. 清洗后零件的光洁表面应擦拭干净，不得有油水存在。
4. 已清洗的零件，在运送过程或保管时，必须保持运送工具和盛器的清洁，不得染污；存放地点应注意防潮，以免日久生锈。

2. 清除锈

锈是金属表面与空气中的氧、水分和腐蚀性气体接触而产生的氧化物和氢氧化物。零件修理时必须将表面的锈蚀产物清除干净。可根据具体情况，采用机械除锈、化学除锈或电化学除锈等方法。具体见表 5-3。

表 5-3　常用除锈方法、应用特点

项目		除锈方法及主要特点
机械除锈	手工机具除锈	靠人力用钢丝刷、刮刀、砂布等刷刮或打磨锈蚀表面，清除锈层。此方法简单易行，但劳动强度大，效率低，除锈效果不好，在缺乏适当除锈设备时采用
	动力机械除锈	利用电动机、风动机等作动力，带动各种除锈工具清除锈层。如电动磨光、刷光、抛光或滚光等。应根据零件形状、数量、锈层厚薄、除锈要求等条件选择
	喷砂除锈	喷砂除锈就是利用压缩空气把一定粒度的砂子，通过喷枪喷在零件锈蚀表面，利用砂子的冲击和摩擦作用，将锈层清除掉。此法主要用于油漆、喷镀、电镀等工艺的表面准备，通过喷砂不仅除锈，而且使零件表面达到一定粗糙度，以提高覆盖层与零件表面的结合力
化学除锈		化学除锈又称侵蚀、酸化，是利用酸性（或碱性）溶液与金属表面锈层发生化学反应使锈层溶解、剥离而被清除
电化学除锈		电化学除锈又称电解腐蚀，是利用电极反应，将零件表面的锈蚀层清除
二合一除油除锈剂		除锈二合一除油除锈剂是表面清洗技术的新发展，可以对油污和锈斑不太严重的零件同时进行除油和除锈。使用时应选用去油能力较强的乳化剂。如果零件表面油污太多时，应先进行碱性化学除油处理，再进行除油、除锈联合处理

注：阳极除锈适合于高强度和弹性要求较好的金属零件；阴极除锈适合于氧化层致密、尺寸精度要求较高的零件。生产中常采用阴、阳极除锈交替进行，既可缩短侵蚀时间，又可保证尺寸精度及减轻氢脆。

3. 清除积炭

积炭是由于燃油和润滑油在燃烧过程中不能完全燃烧而形成的胶质，它积留在发动机一些主要零件上，使导热能力降低，引

起发动机过热或其他不良后果。在机械修理中，必须彻底清除。通常采用机械法或化学法清除。具体见表5-4至表5-6。

表5-4 常用除积炭方法、应用特点

项目		除积炭方法及主要特点
机械法清除积炭		一般在积炭层较厚或零件表面光洁度要求不严格时采用，有刮刀或金属丝刷清洗和喷射带砂液体清除两种方法。此方法简单易行，但劳动强度大，效率低且容易刮伤零件表面
化学法清除积炭	无机退炭	无机退炭剂毒性小、成本低，但效果差，且对有色金属有腐蚀性，主要用于钢铁零件。无机退炭剂配方见表5-5
	有机退炭	有机退炭剂退炭能力强，可常温使用，对有色金属无腐蚀性，但成本高，毒性大，适用于有色金属及较精密零件。有机退炭剂配方见表5-6

表5-5 常用无机退炭剂配方（单位：kg）

原料名称	钢件和铸铁件			铝合金件		
	配方1	配方2	配方3	配方1	配方2	配方3
苛性钠	2.5	10	2.5	—	—	—
碳酸钠	3.3	—	3.1	1.85	2.0	1.0
硅酸钠	0.15	—	1.0	0.85	0.8	—
软肥皂	0.85	—	0.8	1.0	1.0	1.0
重铬酸钾	—	0.5	0.5	—	0.5	0.5
水（L）	100	100	100	100	100	

表5-6 常用有机退炭剂配方

原料名称	煤油	汽油	松节油	苯酚	油酸	氨水
含量（%）	22	8	17	30	8	15

4. 清除水垢

水垢是由于长期使用硬水或含杂质较多的水形成的。清除的方法以酸溶液清洗效果较好，但酸溶液只对碳酸盐起作用。当冷却系统中存在大量硫酸盐水垢时，应先用碳酸钠溶液进行处理，使硫酸盐水垢转变为碳酸盐水垢，然后再用酸溶液清除。

（1）对于铸铁气缸盖的发动机，除垢时可直接将酸溶液注入冷却系统中，取下节温器后低速运转 20～40 min，即可将冷却系中的水垢全部除去。酸溶液除垢后要全部放净，并用清水冲洗干净。

（2）对于铝质气缸盖的发动机，有两种清除水垢的溶液，一种是在每升水中加入硅酸钠 15 g、液态肥皂 2 g 的溶液；另一种是在每升水中加入 75～100 g 石油磺酸的溶液。除垢时也可直接将溶液注入发动机冷却系统，使发动机在正常温度下运转。其中第一种溶液需运转 1 h，第二种溶液需运转 8～10 h 然后放净溶液，并用清水冲洗干净。

热的酸溶液与水垢作用时会产生飞溅，并排出有害气体。操作人员应戴耐酸手套和防护眼镜、口罩等防护用品。

四、机械设备检验

1. 解体检查

设备解体后，由主修技术人员与修理人员密切配合，及时检查零部件的磨损、失效情况，特别要注意有无在修前未发现或未预测的问题，并尽快发出以下技术文件和图样。

（1）按检查结果确定的修换件明细表。

（2）修改、补充的材料明细表。

（3）修理技术任务书的局部修改与补充。

（4）按修理装配和先后顺序要求，尽快发出临时制造的配件图样。计划调度人员会同修理工（组）长，根据解体检查的实际结果及修改补充的修理技术文件，及时修改和调整修理作业计划，并将作业计划张贴在作业施工的现场，以便于参加修理的人员随时了解施工进度要求。

2. 生产调度

修理工（组）长必须每日了解各部件修理作业的实际进度，并在作业计划上做出实际完成进度的标志（如在计划进度线下面标上红线）。对发现的问题，凡本工段能解决的应及时采取措施

解决，例如，发现某项作业进度延迟，可根据网络计划上的时差，调动修理人员增加力量，把进度赶上去；对本班组不能解决的问题，应及时向计划调度人员汇报。

计划调度人员应每日检查作业计划的完成情况，特别要注意关键线路上的作业进展，并到现场实际观察检查，听取修理工人的意见和要求。对工（组）长提出的问题，要主动与技术人员联系商讨，从技术上和组织管理上采取措施，及时解决。计划调度人员，还应重视各工种之间的作业衔接，利用班前、班后各种工种负责人参加的简短“碰头会”了解情况，这是解决各工种作业衔接问题的好办法。总之，要做到不发生待工、待料和延误进度的现象。

3. 工序质量检查

修理人员在每道工序完毕经自检合格后，须经质量检验，确认合格后方可转入下道工序。对重要工序，质量检验员应在零部件上做出“检验合格”的标志，避免以后发现漏检的质量问题时引起更多的麻烦。

4. 临时配件制造进度

修复件和临时配件的修造进度，往往是使修理工作不能按计划进度完成的主要因素。应按修理装配先后顺序的要求，对关键件逐件安排加工工序作业计划，找出薄弱环节，采取措施，保证满足修理进度的要求。

五、机械设备修理后的质量检验及过程检验

1. 质量检验

机械设备的修理质量是衡量修理水平的主要指标，也是关系到修理单位能否生存、发展的关键。修理质量的检验依据是《机械修理规范》和《机械修理质量标准》。对于已修完出厂的机械设备，如发生修理质量事故，应实行包修、包换、包赔的三包制度。修理质量的检验内容包括一般预防性检验、修理程序检验和

零件制配检验。

（1）一般预防性检验指购进的材料、配件须经检验人员抽检，合格后才能入库。成批原材料须经检验人员查验生产厂提供的牌号、成分等合格证书后，符合要求才能投产。对在用仪器、量具、工装夹具、刀具等，应送质量检验部门或有关权威性检测机构定期检查、鉴定或校验。

（2）修理程序检验按照修理工艺流程分为进厂检验、解体检验、修理过程和修竣检验。零件制配检验，要求在每一道工序完成后，由制作人自检、班组长抽检，重要的工序应由专职检验人员复检合格后才能进入下一道工序。

（3）零件加工完毕后，须经专职检验人员复检合格并在成品检验单上签章后方能装配或办理入库手续。

各级修理单位都应建立质量管理和质量保证体系，按照全面质量管理的方法进行工作，建立健全质量检验机构和检验制度。

2. 过程检验

（1）加工工序检验。这是按照零件加工工艺卡片规定的技术要求，在加工工序间进行的检验。

（2）组合工序检验。这是在零件组合为合件、组合件、总成的各个工序中，按照零件修换及装配标准进行的检验。

（3）总成检验。这是对组装后的总成，按其技术性能的要求进行的检验。必要时应通过专用设备进行运转试验，以测定其功能。

（4）总装配检验。这是在各总成装配成整机时按工序进行的检验。

过程检验是发现工序过程质量事故、保证修理质量的关键检验阶段。应实行承修人自检、班组长抽检和检验员复检相结合的“三检制”。经检验不合格的工件不得流入下一工序，不合格的总成不得装用。

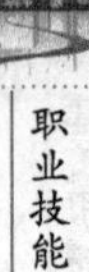

六、机械装配

(1) 做好装配前的准备工作，熟悉机械零部件的装配技术要求；清洗零部件。对经过修理和换新的所有零件，在装配前都应进行试装检查；确定适当的装配地点并备齐必须的设备、工具及仪器等。

(2) 选择正确的配合方法，分析并检查零件装配的尺寸链精度，通过选配、修配或调整来满足配合精度的要求。

(3) 选择合适的装配方法和装配设备。

(4) 对所有偶合件和不能互换的零件，应按拆卸、修理或制造时所作的记号成对或成套装配，不允许错乱。对高速旋转有平衡要求的部件（如曲轴、飞轮、传动轴等)，经过修理后，应进行平衡试验。长轴及长丝杆等细长零件，不论是新品或旧品，均应检查其平直情况。

(5) 各组合件在装配时，应注意零件的失圆度、弯曲度、不同心度、不平行度以及不平度、不垂直度等允许偏差积累，避免装配后的间隙或偏差超过装配技术要求的限度。因此，在装配时，应注意选配。

(6) 注意装配中的密封，采用规定的密封结构和材料。注意密封件的装配方法和装配紧度，防止“三漏”。

(7) 每一部件装配完毕，必须检查和清理，防止有遗漏未装的零件；防止将多余零件封闭在箱壳之中，造成事故。

七、机械大修后的磨合试验

大修后的主要总成，必须进行磨合运转，使零件表面的凸峰被逐渐磨平，以增大配合面积，减小接触应力，提高零件承载能力，从而降低磨损速度，延长使用寿命。

1. 发动机的磨合试验

发动机的磨合分三个阶段进行，即冷磨合、无载荷热磨合和载荷热磨合。

(1) 冷磨合。冷磨合是将不装气缸盖的发动机安装在磨合试验台上，用电动机驱动进行磨合。开始以低速运转，然后逐渐升高到正常转速的1/2～2/3。但其中高速时间不宜过长。磨合持续时间根据发动机装配质量，在40 min到2 h内选择。

磨合过程中，如发现局部过热、异响等不正常现象，应立即停止磨合，待故障排除后，方可继续进行。

冷磨后要对主要组合件进行检验，观察气缸、曲轴等滑动配合表面的光洁度和有无拉毛及偏磨情况。磨合合格后，将发动机装配全齐，更换润滑油并清洗滤清器，为热磨合做好准备。

(2) 无载荷热磨合。启动发动机，在无载荷情况下运转，从额定转速的1/2逐渐升高到3/4左右，总运转时间不超过0.5 h。

磨合过程中应听诊发动机的声音；检查组合件的发热程度和运转的平稳性；观察各仪表的读数是否正常，润滑油温不应超过80℃。

磨合后应对气门间隙按热车规范进行调整，拧紧气缸盖螺母。

(3) 载荷热磨合。载荷热磨合的磨合时间，可参照下列范围。

额定载荷的15%～20%，磨合时间为5～10 min。

额定载荷的50%～70%，磨合时间为10～20 min。

满载荷，磨合时间为5～10 min。

检验发动机全部磨合终了后，应进行检查。如发现某些缺陷和故障，应排除后按规定要求装复。

2. 变速器的磨合试验

(1) 变速器磨合的目的在于改善齿面的接触精度，提高齿轮运转的平稳性；同时检查动力传递的可靠性、操作的灵活性以及有无发热、噪声、漏油等现象。

(2) 变速器各挡的磨合和试验应在空载和载荷两种情况下进行，加载程度应逐步递增，并尽可能达到正常工作载荷程序，但

加载时间不宜过长。总的磨合时间主要应取决于每一挡位齿轮的原始啮合状况，一般空载磨合时间在 2 h 以内，载荷磨合时间在 20 min以内。磨合时的主轴转速应近似于发动机的额定转速。

(3) 将变速器装到磨合试验台上，加入适当的润滑油，在磨合高耐磨合金钢齿轮时还要先加入研磨膏，然后启动电动机进行磨合。在磨合过程的同时进行各项检查，注意分辨齿轮的声响。每一挡的声响达到正常要求时，即可转入另一挡，直至全部挡位合格。如由于变速器壳体发生严重变形而产生较大的噪声，应先修复后再进行磨合。

注意，为使磨合过程时间短，磨损量少，必须注意下列要求。

①磨合过程的载荷和转速必须从低到高，经过一定时间的空载低速运转，然后分级逐渐达到规定转速并不低于 75%～80%的额定载荷。

②针对新装组合件间隙较小和摩擦阻力较大的特点，正确选用流动性和导热性较好的低黏度润滑油。

八、机械设备修竣验收

机械设备修竣后，由修理单位会同送修单位共同进行技术试验，达到机械大修验收技术标准的要求方能办理修竣出厂的手续。

1. 修竣出厂的验收内容

(1) 外部检查。主要检查机械设备装配的完善性，其中包括润滑、紧固、渗漏现象的抽查。

(2) 空载运转试验和负荷试验。测试机械设备的动态性能，包括启动性能、操纵性能、制动性能和安全性能，是否达到机械设备正常使用的技术要求。通过试验发现并排除缺陷和故障，进行必要的调整和紧固工作。

2. 修竣出厂验收的程序

设备大修理完毕后经修理单位试运转并自检合格，经设备管理部门、质量检验部门和使用单位的代表一致确认后，由各方代表在“设备修理竣工报告单”（表 5-7）上签字验收。

（1）做好修竣出厂验收的准备工作，对修竣机械进行一次全面的检查、清洁、润滑、调整、紧固工作。

（2）进行修竣出厂验收，经试验验收合格后，由承修单位填写机械设备修竣验收单并附主要部件和总成的装配检验记录、检查验收记录等资料。

（3）对于由于客观条件的限制，未达到质量标准的零部件和总成，应加以说明，征得送修单位同意后办理签字手续。

修理单位在机械设备修竣出厂之后，还应做好修后服务。修理单位应在一定期限内，保证修竣机械设备达到规范要求的使用性能和良好的使用状态，这一期限称为大修保证期。在保证期内，如果修竣的机械设备发生一般故障，经调整即能排除者，应由使用单位自行解决；如果发生较大的变化，则应由送修单位通知修理单位共同检查、分析原因，明确责任，根据对使用单位造成损失的程度，向修理单位提出索赔要求或由修理单位负责返修。

表 5-7 设备修理竣工报告单

<table>
<tr><td colspan="2">设备编号</td><td>机械名称</td><td colspan="2">型号与规格</td><td colspan="4">复杂系数</td></tr>
<tr><td colspan="2"></td><td></td><td colspan="2"></td><td>JF</td><td></td><td>DF</td><td></td></tr>
<tr><td colspan="2">设备类别</td><td>精大重稀　关键　一般</td><td>修理类别</td><td></td><td colspan="2">施工令号</td><td colspan="2"></td></tr>
<tr><td rowspan="2">修理</td><td>计划</td><td colspan="7">年　月　日至　年　月　日共停修　天</td></tr>
<tr><td>实际</td><td colspan="7">年　月　日至　年　月　日共停修　天</td></tr>
<tr><td colspan="9">修　理　工　时（h）</td></tr>
<tr><td colspan="2">工种</td><td>计划</td><td>实际</td><td>工种</td><td colspan="2">计划</td><td colspan="2">实际</td></tr>
<tr><td colspan="2">钳工</td><td></td><td></td><td>油漆工</td><td colspan="2"></td><td colspan="2"></td></tr>
</table>

（续表）

工种	计划	实际	工种	计划	实际
电工			起重工		
机加工			焊工		
修理费用（元）					
名称	计划	实际	名称	计划	实际
人工费			电气修理费		
备件费			劳务费		
材料费			总费用		
修理技术文件及记录	1. 修理技术任务书 份。 2. 修换件明细表 份。 3. 材料表 份。		4. 电气检查记录 份。 5. 试车记录 份。 6. 精度检查记录 份。		
主要修理及改装内容					
逗留问题及处理意见					
验收意见	验收单位		修理单位		质检部门检验结论
使用单位	操作者		计划调度员		
	机动员		修理部门		
	主管		机修工程师		
设备管理部门代表			电修工程师		
			主管		

第二节　机械设备的状态监测理论

一、状态监测

设备技术状态是否正常，有无异常征兆或故障出现，可根据监测所取得的设备动态参数（温度、振动、应力等）与缺陷状况，与标准状态进行对照加以鉴别。表 5-8 列出了判断设备状态的一般标准。

表 5-8 判断设备状态的一般标准

设备状态	部件			设备性能
	应力	性能	缺陷状态	
正常	在允许值内	满足规定	微小缺陷	满足规定
异常	超过允许值	部分降低	缺陷扩大	接近规定，一部分降低
故障	达到破坏值	达不到规定	破损	达不到规定

（1）为监测设备的工作情况提供可靠的依据。设备的零部件在故障发生时总是从状态开始的，例如，零部件的温度升高，震动加剧，噪声增大，磨损变快等，通过状态监测就可以及时发现这些信息，发现其产生及变化的情况，可以帮维修人员准确判断故障的性质。

（2）为确切分析故障提供必要的依据。当设备出现故障时根据监测的信息可以正确地分析判断故障的位置，减少维修时间，提高效率。

（3）为及时准备备品备件提供依据。在生产过程中设备突然发生故障，需要更换部件，但因为没有备件，而不得不停机进行等待，而有时有些备件不是标准件需要在厂家购买，这样等待的时间会更长，会对生产造成影响，此时就可以根据故障监测收集的信息预测哪些备件会出现故障而提前提对所需的零件提出备份。

（4）减少停机时间。设备维修人员根据设备状态监测提供的信息，把即将出现故障的地方，或是即将影响生产要停下来修复的地方，提前安排生产外的时间将其修复，以免在生产中发生故障而影响生产。

（5）适当延长设备检修周期提供充分的依据。根据监测收集的信息，就可以分析判断设备在一段时间内的运行趋势。如果对温度、振动、精度、磨损等参数的监测，看有无异常情况发生，

即使设备在运行中超过规定的检测周期，都允许只对轴承等关键部位进行局部检查后，继续运行使用，从而提高设备的使用寿命。

以状态监测为基础有利于建立合理的计划检测制度。以状态监测为基础的现代计划检修制度，具有按照设备的实际技术和自身的实际磨损情况决定检修的特点。理论与实际相结合提高了计划检修制度的合理性。

二、机械设备状态监测的方法

1. 听诊法

设备正常运转时伴随发生的音响总是具有一定音律和节奏，通过人的听觉功能就能对比设备是否出现重、杂、怪乱等的异常噪声，判断设备的内部是否出现振动、撞击、不平衡等隐患。可用手锤敲打是否发现破裂声，判断有无裂纹产生。

2. 触测法

用人手的触摸可以监测设备的温升，振动及其间歇的变化情况。人手的神经纤维对温度比较敏感，可以比较准确地分辨出温度差别。当机件温度在0℃左右时，手感冰凉，若触摸较长，会产生刺骨感；10℃左右时，手感较凉，但一般能忍受；20℃左右时，手感稍凉，随着接触的时间的增长；手感渐热，30℃左右时手感微温，有舒适感；40℃左右时，手感较热，有微烫感；50℃左右时，手感较烫，若接触时间较长，会有汗感；60℃左右时手感很烫，但一般可以忍受10 s左右；70℃左右时手感到灼痛，手的接触处会很快变红。触摸时，应先试触后再细触，以估计机件的温度情况。用手晃动机件可以感觉出0.1～0.3 mm的间隙大小，用手触摸机件可以感觉振动的强弱变化或是否产生冲击等情况。

3. 观察法

人的视觉可以观察设备上有无机件松动，裂纹及其他的损伤等；可以检查润滑是否正常，有无干摩擦的现象；可以检查油箱情况，沉积物中的磨粒大小、多少及特点，判断相关零件的磨损情况，可以观察设备的运行是否正常，有无异常发生。

4. 滚动轴承工作状态的监测

轴承在机械设备的传动中占有重要位置，它的工作状况在很大程度上影响设备的工作，也影响其产品的质量，因此作好设备轴承的监测工作，是设备管理人员的一项重要工作。

5. 根据产品的质量对设备进行监测

产品的质量在对设备的状态监测中起到重要作用，有时用集中方法无法监测，或者没有监测到，当设备发生故障时，它会从产品的质量上反映出来，比如在瓦楞纸板线上对有些轴承的状态监测用听诊法监测，由于纸板线上的噪声较大，而且有些部位的结构也不允许用听诊法监测。目前我国许多中小厂用的单面机是正压卡匣式的，它的涂胶系统在正常生产时是密封在机器里的，监测其轴承的状态就可以根据产品质量所反映的胶量大小，进行监测。

第三节　机械检修管理理论

按时做好机械的维护保养，是保证机械正常运行，延长使用寿命的必要手段。为此，在编制施工生产计划的同时，要按规定安排机械保养时间，保证机械按时保养。机械使用中发生故障，要及时排除，严禁带病运行或只使用不保养的做法。

（1）汽车和以汽车底盘为底车的建筑机械，在走合期公路行驶速度不得超过 30 km/h，工地行驶速度不得超过 20 km/h，载重量应减载 20％～25％，同时在行驶中应避免突然加速。

（2）电动机械在走合期内应减载 15％～20％运行，齿轮箱应采用黏度较低的润滑油，走合期满应检查润滑油状况，必要时更换（如装有新齿轮，应全部更换润滑油）。

(3) 机械上原定不得拆卸的部位走合期内不应拆卸，机械走合时应有明显的标志。

(4) 入冬前应对操作使用人员进行冬季施工安全教育和冬季操作技术教育，并做好防寒检查工作。

(5) 对冬季使用的机械要做好换季保养工作，换用适合本地使用的燃油、润滑油和液压油等油料，并安装保暖装具。凡带水工作的机械、车辆，停用后将水放尽。

(6) 机械启动时，先低速运转，待仪表显示正常后再提高转速和负荷工作。内燃发动机应有预热程序。

(7) 机械的各种防冻和保温措施不得遗漏。冷却系统、润滑系统、液压传动系统及燃料和蓄电池，均应按各种机械的冬季使用要求进行使用和养护。机械设备应按冬季启动、运转、停机清理等规程进行操作。

(8) 机械的管理和使用之间存在着互相影响不可分割的辩证统一关系。重用轻管或管用脱节都会造成经济损失。因此，必须贯彻管用结合的方针。机械管用结合的要点如下。

①编制施工计划时，应由机务人员参加，使施工计划与机械保修计划相协调，机械性能与施工条件相适应。

②开工前，施工管理人员应向机务人员交底，如施工进度、工程质量及施工要求等；机务人员也应向施工管理人员说明机械使用规则、管理条例和安全守则等。

③施工过程中，施工管理人员应遵守机械管理的各项规定，采纳机务人员的合理化建议，并尽量为机械使用创造有利条件；机械操作人员应主动协作，积极创造条件，克服困难，并主动与施工管理人员交换意见，按时、保质、保量地完成施工任务。现场施工负责人要善于协调施工生产和机械使用中的矛盾，既要支持机械操作人员的正确要求，又应向机械操作人员进行技术交底和提出施工要求。

第六章

建筑机械管理

第一节　施工机械使用管理基本制度

一、“三定”制度

1. “三定”制度的形式

根据机械类型的不同，定人定机有下列三种形式。

（1）单人操作的机械，实行专机专人负责制，其操作人员承担机长职责。

（2）多班作业或多人操作的机械，均应组成机组，实行机组负责制，其机组长即为机长。

（3）班组共同使用的机械以及一些不宜固定操作人员的设备，应指定专人或小组负责保管和保养，限定具有操作资格的人员进行操作，实行班组长领导下的分工负责制。

2. “三定”制度的作用

（1）有利于保持机械设备良好的技术状况，有利于落实奖罚制度。

（2）有利于熟练掌握操作技术和全面了解机械设备的性能、特点，便于预防和及时排除机械故障，避免发生事故。充分发挥机械设备的效能。

（3）便于做好企业定编定员工作，有利于加强劳动管理。

（4）有利于原始资料的积累，便于提高各种原始资料的准确性、完整性和连续性，便于对资料的统计、分析和研究。

（5）便于推广单机经济核算工作和设备竞赛活动的开展。

3. “三定”制度的管理

(1) 机械操作人员的配备，应由机械使用单位选定，报机械主管部门备案；重点机械的机长，还要经企业分管机械的领导批准。

(2) 机长或机组长确定后，应由机械建制单位任命，并应保持相对稳定，不要轻易更换。

(3) 企业内部调动机械时，大型机械原则上做到人随机调，重点机械则必须人随机调。

4. 操作人员职责

(1) 努力钻研技术，熟悉本机的构造原理、技术性能、安全操作规程及保养规程等，达到本等级应知应会的要求。

(2) 正确操作和使用机械，发挥机械效能，完成各项定额指标，保证安全生产、降低各项消耗。对违反操作规程、可能引起危险的指挥，有权拒绝并立即报告。

(3) 精心保管和保养机械，做好例保和一保作业，使机械经常处于整齐清洁、润滑良好、调整适当、紧固件无松动的良好技术状态。保持机械附属装置、备品附件、随机工具等完好无损。

(4) 及时正确填写各项原始记录和统计报表。

(5) 计算执行岗位责任制及各项管理制度。

5. 机长职责

机长是不脱产的操作人员，除履行操作人员职责外，还应做到以下几点。

(1) 组织并督促检查全组人员对机械的正确使用、保养和保管，保证完成施工生产任务。

(2) 检查并汇总各项原始记录及报表，及时准确上报。组织机组人员进行单机核算。

(3) 组织并检查交接班制度执行情况。

(4) 组织本机组人员的技术业务学习，并对他们的技术考核提出意见。

（5）组织好本机组内部及兄弟机组之间的团结协作和竞赛。拥有机械的班组长，也应履行上述职责。

二、技术培训和技术考核

1. 技术培训

施工企业的技术培训应该是全员、多层次的技术业务培训，包括对领导干部、业务干部、技术人员和操作与维修工人的培训。对领导干部培训的目的是使他们具有比较全面的机械设备管理知识，具有对本企业的机械管理工作进行独立分析与研究、作出判断和决策的能力，成为具有系统理论知识，既懂技术管理，又懂经济管理的专门人才。对业务干部培训的目的是熟悉机械设备管理工作全过程的程序和方法。同时也要掌握一定的机械技术知识，为做好业务工作打好基础。对技术人员培训的目的是使他们原有的知识得到深化，以便适应科学技术的发展，能够随时掌握建筑机械发展的动向，熟悉新产品的技术性能、结构特点和用途，了解机械维修的新工艺、新设备和新方法，不断提高对机械设备合理使用和技术经济论证的能力。对工人培训的目的是使他们达到工种、等级应知应会的要求，使操作工人做到“四懂三会”，即懂机械原理、懂机械构造、懂机械性能、懂机械用途，会操作、会维修、会排除故障。使维修工人做到“三懂、四会”即懂技术要求、懂质量标准、懂验收规范，会拆检、会组装、会调试、会鉴定。对业务干部和技术人员的培训可以采取不定期单项知识讲座、短期脱产培训和到高校进修等方式。对工人的培训包括技校培训、集中培训、以师带徒和技术交底等方式。

2. 技术考核

为保证机械设备的安全运行和实行岗位责任制度，建筑企业应建立岗位资格证书和操作证书制度。技术考核应与技术培训相结合，以国家制定的考核标准为依据，考核合格并取得岗位资格

证书和操作证书才能上岗。

三、机械设备检查和竞赛

1. 机械设备检查

机械设备检查的主要内容有以下几项。

（1）机械管理体制和机构设置的建立和健全情况。

（2）各项规章制度的贯彻、执行情况。

（3）有关机械管理的各项指标完成情况。

（4）机械设备的技术状况，维修、保养计划的执行情况以及设备改造情况。

（5）操作人员、维修人员的技术培训和技术考核情况。

（6）各项原始资料、报表、技术档案和机械履历书的收集、填报和管理情况。

（7）设备竞赛开展情况。

2. 机械设备竞赛

在施工企业开展“红旗设备”竞赛活动对推动机组人员爱护机械设备，主动改善机械技术状况，提高机械使用效率都具有一定的积极作用。“红旗设备”的五条标准如下。

（1）完成任务好。做到优质、高产、安全、低耗。

（2）技术状况好。工作能力达到规定要求。

（3）“十字作业”好，即清洁、润滑、紧固、调整、防腐好。

（4）零部件、附属装置、随机工具齐全完整。

（5）使用、维修记录齐全，准确。

第二节　施工机械操作安全

一、卷扬机的操作安全

（1）卷扬机司机必须经专业培训，考试合格，持证上岗作业，并应专人专机。

(2) 卷扬机安装的位置必须选择视线良好，远离危险作业区域的地点。卷扬机距第一导向轮（地轮）的水平距离应在15 m左右。从卷筒中心线到第一导向轮的距离，带槽卷筒应大于卷筒宽度的15倍，无槽卷筒应大于卷筒宽度的20倍。钢丝绳在卷筒中间位置时，滑轮的位置应与卷筒中心垂直。导向滑轮不得用开口拉板（俗称开口葫芦）。

(3) 卷扬机后面应埋设地锚与卷扬机底座用钢丝绳拴牢，并应在底座前面打桩。

(4) 卷筒上的钢丝绳应排列整齐，至少保留3～5圈。导向滑轮至卷扬机卷筒的钢丝绳，凡经过通道处必须遮护。

(5) 卷扬机安装完毕必须按标准进行检验，并进行空载、动载、超载试验。

①空载试验。即不加荷载，按操作中各种动作反复进行，并试验安全防护装置灵敏可靠。

②动载试验。即按规定的最大载荷进行动作运行。

③超载试验。一般在第一次使用前，或经大修后按额定载荷的110%～125%逐渐加荷进行。

(6) 每日班前应对卷扬机、钢丝绳、地锚、地轮等进行检查，确认无误后，试空车运行，合格后方可正式作业。

(7) 卷扬机在运行中，操作人员（司机）不得擅离岗位。

(8) 卷扬机司机必须听视信号，当信号不明或可能引起事故时，必须停机待信号明确后方可继续作业。

(9) 吊物在空中停留时，除用制动器外并应用棘轮保险卡牢。作业中如遇突然停电必须先切断电源，然后按动刹车慢慢地放松，将吊物匀速缓缓地放至地面。

(10) 保养设备必须在停机后进行，严禁在运转中进行维修保养或加油。

(11) 夜间作业，必须有足够的照明装置。

（12）卷扬机不得超吊或拖拉超过额定重量的物件。

（13）司机离开时，必须切断电源，锁好闸箱。

二、混凝土搅拌机的操作安全

（1）混凝土搅拌机的操作人员（司机）必须经安全技术培训，考试合格，持证上岗。严禁非司机操作。

（2）混凝土搅拌机安装必须平稳牢固，轮胎应卸下保存（长期使用），并应搭设防雨、防砸的保温工作棚。操作台应保持整洁，棚内设给水设施，棚外应设沉淀池，必须排水畅通，并应装设除尘设备。

（3）每日必须进行班前、班中、班后“三检制”，其检查内容如下。

①每日上班前应检查机棚内环境和机械是否有障碍物。检查钢丝绳、离合器、制动器和安全防护装置应灵敏可靠，轨道滑轮良好正常，机身平稳，确认无误方可合闸试车。经 2～3 min 运转，滚筒转动平稳，不跳动、不跑偏、无异常声响后，方可正式操作。

②班中司机不得擅离岗位。应随时观察，发现不正常现象或异常音响，应将搅拌筒内存料放出。停机拉闸断电（如有人操作，严禁合闸警示牌）后进行检查修理。

③班后应将机械内外刷干净，并将料斗升起，挂牢双保险钩后，拉闸断电并锁好电箱门。

（4）搅拌机不得超负荷使用。运转中严禁维修保养，严禁用工具伸入搅拌机内扒料。若遇中途停电时，必须将料卸出。

（5）强制式搅拌机的骨料必须按规定粒径的允许值供料，严禁使用超大骨料。

（6）砂堆板结需要捣松时，必须两人作业，一人操作，一人监护，必须站在安全稳妥的地方，并有安全措施。严禁盲目冒险作业。

（7）机械运转中，严禁将头或手伸入料斗与机架之间查看或探摸。

（8）料斗提升时，严禁在料斗下操作或穿行。清理斗坑时，必须将料斗挂牢双保险钩后方可清理。

（9）冬季停机后，必须将水泵及贮水罐中的水放净。

（10）运输搅拌机应办理通行证，按规定速度行驶，牵引时一般不得超过 20 kW/h。人力转移时，上下坡时应前转向、后制动，设专人指挥，密切配合，协调一致。

三、灰浆搅拌机的操作安全

（1）灰浆搅拌机操作人员（司机）必须经安全技术培训，考试合格，持证上岗。严禁非操作人员（司机）操作。

（2）灰浆搅拌机的安装应平稳牢固，行走轮应架悬，机座应垫高出地面。在建筑物附近安装应搭设防砸、防雨棚。

（3）作业前检查电气设备、漏电保护器和可靠的接零或接地保护；传动部分、安全防护装置齐全有效，确认无异常后方可试运转。

（4）操作时先启动，待运转正常后，方可加料和水进行搅拌，不得先加足料后再启动。沙子应过筛，投料严禁超量。

（5）加料时应将工具高于搅拌叶，严禁运转中把工具伸进搅拌筒内扒料。

（6）搅拌筒内落入大的杂物时，必须停机后再检查，严禁运转中伸手捡捞。

（7）运转中严禁维修保养，发现卡住或异常时，应停机拉闸断电后再排除故障。

（8）作业完毕，必须切断电源，拔去电源插头（销），并用水将灰浆搅拌机内外清洗干净（清洗时严禁电气设备进水），方可离开。

四、机动翻斗车的操作安全

(1) 现场内行驶机动车辆的驾驶作业人员，必须经专业安全技术培训，考试合格，持《特种作业操作证》上岗作业。未经交通部门考试发证的严禁上公路行驶。

(2) 作业前检查燃油、润滑油、冷却水应充足，变速杆应在空挡位置，气温低时应加热水预热。

(3) 发动后应空转 5～10 min，待水温升到 400℃以上时方可一挡起步，严禁二挡起步或将油门猛踩到底的操作。

(4) 开车时精神要集中，行驶不准载人、不准吸烟、不准打闹玩笑。睡眠不足和酒后严禁作业。

(5) 运输构件宽度不得超过车宽，高度不得超过 1.5 m（从地面算起）。运输混凝土时，混凝土的平面应低于斗口 10 cm；运砖时，高度不得超过斗平面，严禁超载行驶。

(6) 雨雪天气，夜间应低速行驶，下坡时严禁空挡滑行和下25°以上陡坡。

(7) 在坑槽边缘倒料时，必须在距 0.8～1 m 处设置安全挡掩（20 cm×20 cm 的木方）。车在距离坑槽 10 m 处即应减速至安全挡掩处倒料，严禁骑沟倒料。

(8) 翻斗车上坡道（马道）时，坡道应平整，宽度不得小于2.3 m以上，两侧设置防护栏杆，必须经检查验收合格方可使用。

(9) 检修或班后刷车时，必须熄火并拉好手制动。

五、蛙式打夯机的操作安全

(1) 每台夯机的电机必须是加强绝缘或双重绝缘电机，并装有漏电保护装置。

(2) 夯机操作开关必须使用定向开关，并保证动作灵敏，且进线口必须加胶圈。每台夯机必须单独使用闸具或插座。电源线和零（地）线与定向开关，电机接线柱连接处必须加接线端子与之紧固。

（3）必须使用四芯胶套电缆线。电缆线在通过操作开关线口之前应与夯机机身用卡子固定。电源开关至电机段的电缆线应穿管固定敷设，夯机的电缆线不得长于50 m。

（4）夯机的操作手柄必须加装绝缘材料。

（5）每班前必须对夯机进行以下检查。

①各部电气部件的绝缘及灵敏程度，零线是否完好。

②偏心块连接是否牢固，大皮带轮及固定套是否有轴向窜动现象。

③电缆线是否有扭结、破裂、折损等可能造成漏电的现象。

④整体结构是否有开焊和严重变形现象。

（6）每台夯机应设两名操作人员。一人操作夯机，一人随机整理电线。操作人员均必须戴绝缘手套、穿胶鞋。

（7）操作夯机者应先根据现场情况和工作要求确定行夯路线，操作时按行夯路线随夯机直线行走。严禁强行推进、后拉、按压手柄、强行猛拐弯或撒把不扶，任夯机自由行走。

（8）随机整理电线者应随时将电缆整理通顺，盘圈送行，并应与夯机保持3～4 m的余量，发现电缆线有扭结缠绕、破裂及漏电现象，应及时切断电源，停止作业。

（9）夯机作业前方2 m内不得有人。多台夯机同时作业时，其并列间距不得小于5 m，纵列间距不得小于10 m。

（10）夯机不得打冻土、坚石、混有砖石碎块的杂土以及一边偏硬的回填土。在边坡作业时应注意保持夯机平稳，防止夯机翻倒坠夯。

（11）经常保持机身整洁。托盘内落入石块、杂物、积土较多或底部黏土过多，出现啃土现象时，必须停机清除，严禁在运转中清除。

（12）搬运夯机时，应切断电源，并将电线盘好，夯头绑住。往坑槽下运送时，应用绳索送，严禁推、扔夯机。

（13）停止操作时，应切断电源，锁好电源闸箱。

（14）夯机用后必须妥善保管，应遮盖防雨布，并将其底部垫高。

六、水泵的操作安全

（1）作业前应进行检查，泵座应稳固。水泵应按规定装设漏电保护装置。

（2）运转中出现故障时应立即切断电源，排除故障后方可再次合闸开机。检修必须由专职电工进行。

（3）夜间作业时，工作区应有充足照明。

（4）水泵运转中严禁从泵上跨越。升降吸水管时，操作人员必须站在有护栏的平台上。

（5）提升或下降潜水泵时必须切断电源，使用绝缘材料，严禁提拉电缆。

（6）潜水泵必须做好保护接零并装设漏电保护装置。潜水泵工作水域 30 m 内不得有人畜进入。

（7）作业后，应将电源关闭，将水泵安放妥善。

七、倒链的操作安全

（1）使用前应检查吊架、吊钩、链条、轮轴、链盘等部件，如发现有锈蚀、裂纹、损伤、变形、扭曲、传动部分不灵活等，严禁使用。

（2）使用的链葫芦，严禁超载，外壳上应有额定吨位标记。气温在 10～12℃下，不得超过其额定起重量的一半。

（3）使用时，先倒松链条，挂好起吊物体，慢慢拉动牵引链条，待起重链条受力后，再检查齿轮啮合及自锁装置的工作状况，确认无误后方可继续起重作业。

（4）拉动链条时，应均匀缓进，并与链轮盘方向一致，不得斜向拽动，拉动链条只许一人操作，严禁两人以上猛拉。操作时严禁站在倒链的正下方。

（5）齿轮应经常加油润滑。应经常检查棘爪、棘爪弹簧和齿轮的技术状况，防止制动失灵。

（6）重物需在空间停留时间较长时，必须将小链拴在大链上。

（7）起重时如需在建筑物构件上拴挂倒链葫芦，必须经技术负责人负荷量计算，确认安全方可进行作业。

（8）倒链使用完毕后，应拆卸清洗干净，重新上好润滑油，并安装好送仓库妥善保管，防止链条锈蚀。

八、钢筋除锈机的操作安全

（1）检查钢丝刷的固定螺栓有无松动，传动部分润滑和封闭式防护罩及排尘设备等完好情况。

（2）操作人员必须束紧袖口，戴防尘口罩、手套和防护眼镜。

（3）严禁将弯钩成型的钢筋上机除锈。弯度过大的钢筋宜在基本调直后除锈。

（4）操作时应将钢筋放平，手握紧，侧身送料，严禁在除锈机正面站人。整根长钢筋除锈应由两人配合操作，互相呼应。

九、钢筋调直机的操作安全

（1）调直机安装必须平稳，料架料槽应平直，对准导向筒、调直筒和下刀切孔的中心线。电机必须设可靠接零保护。

（2）按调直钢筋的直径，选用调直块及速度。调直短于 2 m 或直径大于 9 mm 的钢筋应低速进行。

（3）在调直块未固定，防护罩未盖好前不得穿入钢筋。作业中严禁打开防护罩及调整间隙。严禁戴手套操作。

（4）喂料前应将不直的料头切去，导向筒前应装一根 1 m 长的钢管，钢筋必须先通过钢管再送入调直机前端的导孔内。当钢筋穿入后，手与压辊必须保持一定距离。

（5）机械上不准搁置工具、物件，避免振动落入机体。

(6) 圆盘钢筋放入放圈架上要平稳，乱丝或钢筋脱架时，必须停机处理。

(7) 已调直的钢筋，必须按规格、根数分成小捆，散乱钢筋应随时清理堆放整齐。

十、钢筋切断机的操作安全

(1) 操作前必须检查切断机刀口，确定安装正确，刀片无裂纹，刀架螺栓紧固，防护罩牢靠，然后手扳动皮带轮检查齿轮啮合间隙，调整刀刃间隙，空运转正常后再进行操作。

(2) 钢筋切断应在调直后进行，断料时要握紧钢筋。多根钢筋一次切断时，总截面积应在规定范围内。

(3) 切断钢筋，手与刀口的距离不得少于 15 cm。断短料手握端小于 40 cm 时，应用套管或夹具将钢筋短头压住或夹住，严禁用手直接送料。

(4) 机械运转中严禁用手直接清除刀口附近的断头和杂物。在钢筋摆动范围内和刀口附近，非操作人员不得停留。

(5) 发现机械运转异常、刀片歪斜等，应立即停机检修。

十一、钢筋弯曲机的操作安全

(1) 工作台和弯曲工作盘台应保持水平，操作前应检查芯轴、成型轴、挡铁轴、可变挡架有无裂纹或损坏，防护罩牢固可靠，经空运转确认正常后，方可作业。

(2) 操作时要熟悉倒顺开关，控制工作盘旋转的方向，钢筋放置要和挡架、工作盘旋转方向相配合，不得放反。

(3) 改变工作盘旋转方向时必须在停机后进行，即从正转—停—反转，不得直接从正转—反转或从反转—正转。

(4) 弯曲机运转中严禁更换芯轴、成型轴或变换角度及调速，严禁在运转时加油或清扫。

(5) 弯曲钢筋时，严禁超过该机对钢筋直径、根数及机械转速的规定。

（6）严禁在弯曲钢筋的作业半径内和机身不设固定销的一侧站人。弯曲好的钢筋应堆放整齐，弯钩不得朝上。

十二、钢筋冷拉的操作安全

（1）根据冷拉钢筋的直径选择卷扬机。卷扬机出绳应经封闭式导向滑轮和被拉钢筋方向成直角。卷扬机的位置必须使操作人员能见到全部冷拉场地，距冷拉中线不得少于5 m。

（2）冷拉场地两端地锚以外应设置警戒区，装设防护挡板及警告标志，严禁非生产人员在冷拉线两端停留，跨越或触动冷拉钢筋。操作人员作业时必须离开冷拉钢筋2 m以外。

（3）用配重控制的设备必须与滑轮匹配，并有指示起落的记号或设专人指挥。配重框提起的高度应限制在离地面300 mm以内。配重架四周应设栏杆及警告标志。

（4）作业前应检查冷拉夹具夹齿是否完好，滑轮、拖拉小跑车应润滑灵活，拉钩、地锚及防护装置应齐全牢靠。确认后方可操作。

（5）每班冷拉完毕。必须将钢筋整理平直，不得相互乱压和单头挑出，未拉盘筋的引头应盘住，机具拉力部分均应放松。

（6）导向滑轮不得使用开口滑轮。维修或停机，必须切断电源，锁好箱门。

十三、钢筋焊接的操作安全

1. 使用对焊机

（1）对焊机应有可靠的接零保护。多台对焊机并列安装时，间距不得小于3 m，并应接在不同的相线上，有各自的控制开关。

（2）作业前应进行检查，对焊机的压力机构应灵活，夹具必须牢固，气、液压系统应无泄漏，正常后方可施焊。

（3）焊接前应根据所焊钢筋截面，调整二次电压，不得焊接超过对焊机规定直径的钢筋。

（4）应定期磨光断路器上的接触点、电极，定期紧固二次电

路全部连接螺栓。冷却水温度不得超过40℃。

（5）焊接较长钢筋时应设置托架，焊接时必须防止火花烫伤其他人员。在现场焊接竖向柱钢筋时，焊接后应确保焊接牢固后再松开卡具，进行下道工序。

2. 使用点焊机

（1）作业前，必须清除上、下两电极的油污。通电后，检查机体外壳应无漏油。

（2）启动前，应首先接通控制线路的转向开关调整极数，然后接通水源、气源，最后接通电源。电极触头应保持光洁，漏电应立即更换。

（3）作业时气路、水冷系统应畅通。气体保持干燥。排水温度不得超过40℃。

（4）严禁加大引燃电路中的熔断器。当负载过小使引燃管内不能发生电弧时，不得闭合控制箱的引燃电路。

（5）控制箱如长期停用，每月应通电加热30 min，如更换闸流管也要预热30 min，正常工作的控制箱的预热时间不得少于3 min。

十四、挖掘机操作安全

挖掘机的安全操作具体要求如下：

（1）单斗挖掘机的作业和行走场地应平整坚实，对松软地面应垫以枕木或垫板，沼泽地区应先作路基处理，或更换湿地专用的履带板。

（2）轮胎式挖掘机使用前应支好支腿并保持水平位置，支腿应置于作业面的方向，转向驱动桥应置于作业面的后方。采用液压悬挂装置的挖掘机，应锁住两个悬挂液压缸。履带式挖掘机的驱动轮应置于作业面的后方。

（3）平整作业场地时，不得用铲斗进行横扫或用铲斗对地面进行夯实。

(4) 挖掘岩石时，应先进行爆破。挖掘冻土时，应采用破冰锤或爆破法使冻土层破碎。

(5) 挖掘机正铲作业时，除松散土壤外，其最大开挖高度和深度不应超过机械本身性能的规定。在拉铲或反铲作业时，履带距工作面边缘距离应大于1.0 m，轮胎距工作面边缘距离应大于1.5 m。

(6) 作业前重点检查项目应符合下列要求：

①照明、信号及报警装置等齐全有效。

②燃油、润滑油、液压油符合规定。

③各绞接部分连接可靠。

④液压系统无泄漏现象。

⑤轮胎气压符合规定。

(7) 启动后，接合动力输出，应先使液压系统从低速到高速空载循环10～20 min，无吸空等不正常噪声，工作有效；检查各仪表指示值，待运转正常再接合主离合器，进行空载运转，顺序操作各工作机构并测试各制动器，确认正常后，方可作业。

(8) 作业时，挖掘机应保持水平，将行走机构制动，并将履带或轮胎楔紧。

(9) 遇较大的坚硬石块或障碍物时，应待清除后方可开挖，不得用铲斗破碎石块、冻土，或用单边斗齿硬啃。

(10) 挖掘悬崖时，应采取防护措施。作业面不得留有伞沿及松动的大块石，当发现有塌方危险时，应立即处理或将挖掘机撤至安全地带。

(11) 作业时，应待机身停稳后再挖土，当铲斗未离开工作面时，不得作回转、行走等动作。回转制动时，应使用回转制动器，不得用转向离合器反转制动。

(12) 作业时，各操作过程应平稳，不宜紧急制动。铲斗升降不得过猛，下降时，不得撞碰车架或履带。

(13) 斗臂在抬高及回转时，不得碰到洞壁、沟槽侧面或其他物体。

(14) 向运土车辆装车时，宜降低挖铲斗，减少卸落高度，不得偏装或砸坏车厢。在汽车未停稳或铲斗需越过驾驶室而司机未离开前不得装车。

(15) 作业中，当液压缸伸缩将达到极限位时，应动作平稳，不得冲撞极限块。

(16) 作业中，当需制动时，应将变速阀置于低速位置。

(17) 作业中，当发现挖掘力突然变化时应停机检查，严禁在未查明原因前擅自调整分配阀压力。

(18) 作业中不得打开压力表开关，且不得将工况选择阀的操作手柄放在高速挡位置。

(19) 反铲作业时，斗臂应停稳后再挖土。挖土时，斗柄伸出不宜过长，提斗不得过猛。

(20) 作业中，当履带式挖掘机作短距离行走时，主动轮应在后面，斗臂应在正前方与履带平行，制动住回转机构，铲斗应离地面 1 m。上、下坡道不得超过机械本身允许最大坡度，下坡应慢速行驶。不得在坡道上变速和空挡滑行。

(21) 轮胎式挖掘机行驶前，应收回支腿并固定好，监控仪表和报警信号灯应处于正常显示状态、气压表压力应符合规定，工作装置应处于行驶方向的正前方，铲斗应离地面 1 m。长距离行驶时，应采用固定销将回转平台锁定，并将回转制动板踩下后锁定。

(22) 当在坡道上行走且内燃机熄火时，应立即制动并楔住履带或轮胎，待重新发动后，方可继续行走。

(23) 作业后，挖掘机不得停放在高边坡附近和填方区，应停放在坚实、平坦、安全的地带，将铲斗收回平放在地面上，所有操作杆置于中位，关闭操作室和机棚。

（24）履带式挖掘机转移工地应采用平板拖车装运。短距离自行转移时，应低速缓行，每行走500～1 000 m，应对行走机构进行检查和润滑。

（25）保养或检修挖掘机时，除检查内燃机运行状态外，必须将内燃机熄火，并将液压系统卸荷，铲斗落地。

（26）利用铲斗将底盘顶起进行检修时，应使用垫木将抬起的轮胎垫稳，并用木楔将落地轮胎楔牢，然后将液压系统卸荷，否则严禁进入底盘下工作。

十五、推土机操作安全

（1）推土机在坚硬土壤或多石土壤地带作业时，应先进行爆破或用松土器翻松。在沼泽带作业时，应更换湿地专用履带板。

（2）推土机行驶通过或在其上作业的桥、涵、堤、坝等，应具备相应的承载能力。

（3）不得用推土机推石灰、烟灰等粉尘物料和用于碾碎石块。

（4）牵引其他机械与设备时，应有专人负责指挥。钢丝绳的连接应牢固可靠。在坡道或长距离牵引时，应采用牵引杆连接。

（5）作业前重点检查项目应符合下列要求。

①各部件无松动，连接良好。

②燃油、润滑油、液压油等符合规定。

③各系统管路无裂纹或泄漏。

第七章

施工安全管理

第一节　熟记安全须知

一、一般安全须知

(1) 工人进入施工现场必须正确佩戴安全帽，上岗作业前必须先进行三级（公司、项目部、班组）安全教育，经考试合格后方能上岗作业；凡变换工种的，必须进行新工种安全教育。

(2) 正确使用个人防护用品，认真落实安全防护措施。在没有防护设施的高处、悬崖和陡坡施工，必须系好安全带。

(3) 坚持文明施工，材料堆放整齐，严禁穿拖鞋、光脚等进入施工现场。

(4) 禁止攀爬脚手架、安全防护设施等。严禁乘坐提升机吊笼上下或跨越防护设施。

(5) 施工现场临边、洞口，市政基础设施工程的检查井口沉井口等设置防护栏或防护挡板，通道口搭设双层防护棚，并设危险警示标志。

(6) 爱护安全防护设施，不得擅自拆动，如需拆动，必须经安全员审查并报项目经理同意，但应有其他有效预防措施。

二、防火须知

(1) 贯彻“预防为主，防消结合”的安全方针，实行防火安全责任制。

(2) 现场动用明火必须有审批手续和动火监护人员，配备合适的灭火器材，下班前必须确认无火灾隐患方可离开。

(3) 宿舍内严禁使用煤油灯、煤气灶、电饭煲、热得快、电炒锅、电炉等。

(4) 施工现场除指定地点外作业区禁止吸烟。

(5) 严格遵守冬季、高温季节施工等防火要求。

(6) 从事金属焊接（气割）等作业人员必须持证上岗，焊割时应有防水措施。

(7) 建筑电工车间及装修施工区易燃废料必须及时清除，防止火灾发生，发生火灾（警）应立即向 119 报警。

(8) 按消防规定施工现场和重点防火部位必须配备灭火器材和有关器具。

(9) 当建筑施工高度超过 30 m 时，要配备有足够消防水源和自救的用水量，立管直径在 50 mm 以上，有足够扬程的高压水泵保证水压和每层设有消防水源接口。

三、施工用电须知

(1) 使用电气设备前，必须按规定穿戴相应的劳动保护用品，并检查电气装置和保护设施是否完好。开关箱使用完毕，应断电上锁。

(2) 建设工程在高、低压线路下方，不得搭设作业棚、建造生活设施或堆放构件、材料以及其他杂物等，必要时采取安全防护措施。

(3) 不得攀爬、破坏外电防护架体，不得损坏各类电气设备，人及任何导电物体与外电架空线路的边线之间的最小安全操作距离。

(4) 施工现场配电，中性点直接接地中，必须采用 TN-S 接零保护系统（三相五线制），实行三级配电（总配电柜、箱、分路箱、开关箱）三级保护。线路（包括架空线、配电箱内连线）分色为：相线 L1 为黄色，相线 L2 为绿色，相线 L3 为红色，工

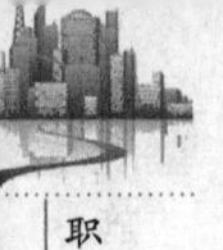

作零线 N 为浅蓝色，保护零线 PE 为黄/绿双色。禁止使用老化电线，破皮的应进行包扎或更换。不得拖拉、浸水或缠绑在脚手架上等。

（5）实行“一机一闸一漏一箱”制。严禁使用电缆券筒螺旋开关箱，严禁带电移动电气设备或配电箱，禁用倒顺开关。

（6）施工现场停止作业 1 小时以上时，应将动力开关箱断电上锁。

（7）熔断丝应与设备容量相匹配、不得用多根熔丝绞接代替一根熔丝，每组熔丝的规格应一致，严禁用其他金属丝代替熔丝。

（8）施工现场照明灯具的金属外壳必须作保护接零，其电源线应采用三芯橡皮护套电缆，严禁使用花线和塑料护套线。

四、建筑电工操作安全守则

（1）建筑电工必须经省级建设行政主管部门考核合格，取得建筑施工特种作业人员操作证书，方可上岗。

（2）所有绝缘、检查工具应妥善保管，严禁他用，并定期检查、校验。

（3）现场施工用高、低电压设备及线路，应按照施工设计有关电气安全技术规程安装和架设。

（4）线路上禁止带负荷接电，并禁止带电操作。

（5）有人触电，立即切断电源，进行急救；电气着火，立即将有关电源切断，并使用干粉灭火器或干砂灭火。

（6）安装高压油开关、自动空气开关等有返回弹簧的开关设备时应将开关置于断开位置。

（7）多台配电箱并列安装，手指不得放在两盘的结合处，不得摸连拉接螺孔。

（8）用摇表测定绝缘电阻，应防止有人触及正在测电的线路或设备。测定容性或感性设备、材料后，必须放电。雷电时禁止测定线路绝缘。

(9) 电流互感器禁止开路，电压互感器禁止短路或升压方式运行。

(10) 电气材料或设备需放电时，应穿戴绝缘防护用品，用绝缘棒安全放电。

(11) 现场配电高压设备，不论带电与否，单人值班不准超越遮栏和从事修理工作。

(12) 人工立杆，所用叉木应坚固完好，操作时，互相配合，用力均衡。机械立杆，两侧应设溜绳。立杆时坑内不得有人，基坑夯实后，方准拆去叉木或拖拉绳。

(13) 登杆前，杆根应夯实牢固。旧木杆杆根单侧腐朽深度超过杆根直径 1/8 以上时，应经加固后，方能登杆。

(14) 登杆操作脚扣应与杆径相适应。使用脚踏板，钩子应向上。安全带应拴于安全可靠处，扣环扣牢，不准拴于瓷瓶或横担上。工具、材料应用绳索传递，禁止上下抛扔。

(15) 杆上紧线应侧向操作，并将夹螺栓拧紧。紧有角度的导线，应在外侧作业。调整拉线时，杆上不得有人。

(16) 紧线用的钢丝或钢丝绳，应能承受全部拉力，与导线的连接，必须牢固。紧线时，导线下方不得有人。单方向紧线时，反方向设置临时拉线。

(17) 架线时在线路的每 2～3 km 处，应接地一次，送电前必须拆除，如遇雷雨，停止工作。

(18) 电缆盘上的电缆端头，应绑扎牢固。放线架、千斤顶应设置平稳，线盘应缓慢转动，防止脱杆或倾倒。电缆敷设至拐弯处，应站在外侧操作。木盘上钉子应拔掉或打弯。

(19) 施工现场夜间临时照明电线及灯具，高度应不低于 2.5 m。易燃、易爆场所，应用防爆灯具。

(20) 照明开关、灯口及插座等，应正确接入相线及零线。

（21）电缆严禁拖地和泡水，发现有破损或老化严重应及时更换。电缆横跨道路时应架空或加套管埋设。

第二节　读懂安全标识

一、禁止标识

常见禁止标志牌，如图 7-1 所示。

图 7-1　禁止标志牌

二、警告标识

常见警告标志牌，如图 7-2 所示。

图 7-2　警告标志牌

三、指令标识

常见指令标志牌，如图 7-3 所示。

图 7-3　指令标志牌

四、指示标识

常见指示标志牌，如图 7-4 所示。

紧急出口 EXIT	紧急出口 EXIT	滑动开门 SLIDE	滑动开门 SLIDE
推开 PUSH	拉开 PULL	疏散通道方向	疏散通道方向

图 7-4　指示标志牌

参考文献

安书科，翟文燕. 2012. 建筑机械使用与安全管理［M］. 北京：中国建筑工业出版社.

本书编委会. 2011. 建筑机械操作工快速入门［M］. 北京：北京理工大学出版社.

陈家芳，沈文渊，陈曦. 2012. 机械工人切削速查表［M］. 上海：上海科学技术出版社.

陈宏钧. 2017. 机械工人切削手册［M］. 第8版. 北京：机械工业出版社.

陈永，王金荣. 2011. 机械工人必备常识［M］. 北京：机械工业出版社.

查辉. 2014. 建筑机械［M］. 安徽：安徽科学技术出版社.

陈裕成. 2014. 建筑机械与设备［M］. 第2版. 北京：北京理工大学出版社.

高顺德. 2018. 工程机械手册—工程起重机械［M］. 北京：清华大学出版社.

吴志强. 2011. 建筑施工机械［M］. 北京：北京大学出版社.

王增荣. 2016. 机械工人必备知识［M］. 北京：机械工业出版社.

张宪民，陈忠. 2018. 机械工程概论［M］. 第3版. 武汉：华中科技大学出版社.

张应立. 2012. 建筑机械操作工基本技能［M］. 北京：金盾出版社.